做个内心强大的人

内心强大的人 →
才能让自己立于不败之地，成为生活的强者

李志敏 —— 改编

民主与建设出版社
·北京·

© 民主与建设出版社，2021

图书在版编目（CIP）数据

做个内心强大的人 / 李志敏改编 . —北京：民主与建设出版社，2016.1（2021.4 重印）

ISBN 978-7-5139-0937-2

Ⅰ . ①做… Ⅱ . ①李… Ⅲ . ①成功心理—通俗读物Ⅳ . ① B848.4-49

中国版本图书馆 CIP 数据核字（2015）第 283175 号

做个内心强大的人
ZUOGE NEIXIN QIANGDA DE REN

改　　编	李志敏
责任编辑	王　颂
封面设计	天下书装
出版发行	民主与建设出版社有限责任公司
电　　话	（010）59417747　59419778
社　　址	北京市海淀区西三环中路 10 号望海楼 E 座 7 层
邮　　编	100142
印　　刷	三河市同力彩印有限公司
版　　次	2016 年 1 月第 1 版
印　　次	2021 年 4 月第 2 次印刷
开　　本	710 毫米 ×944 毫米　1/16
印　　张	13
字　　数	130 千字
书　　号	ISBN 978-7-5139-0937-2
定　　价	45.00 元

注：如有印、装质量问题，请与出版社联系。

前言 | PREFACE

亨·奥斯汀说:"这世界除了心理上的失败,实际上并不存在什么失败,只要不是一败涂地,你一定会取得胜利的。"只要我们内心强大,什么艰难困苦都可以克服。

一个内心强大的人,必然是充满自信的人。一个充满自信的人,遇事处变不惊、胸有成竹,更容易成功;而没有自信的人,面对困难犹豫不决,心惊胆战,与成功渐行渐远。实践证明,具有坚定自信心的人,能够产生更为积极的情感态度,更有责任心和进取心,更能适应当今的社会。

一个人内心强大的人,是不迎合别人的人。他不需要任何做作和伪装,由内而外散发的气质,就是最吸引人的地方。如果为了迎合别人,刻意去改变自己,还有什么魅力可言?

一个内心强大的人,是一个永远微笑的人。他随时让阳光般灿烂的笑靥驱散自己心头的阴霾,感受到阳光时刻与自己同在,时刻拥有美丽的心情!

一个内心强大的人是一个乐观的人。他心灵坦然,笑看风起云涌,坐观花开花落。当失败降临时,他从不彷徨在失落的悬崖边,纵然汗水打湿过自己的双眼,却认为那已不重要,因为被汗水冲洗过的眼睛是最明亮的!

一个内心强大的人从不抱怨上天的不公。因为他认为,涉生命之河,就应做一条畅快的鱼，纵然鳞甲与人无异，但精神气质与众不同；越岁月之海，就应做一只勇敢的海鸥，纵然羽翼是一样雪白，但高昂的歌唱可以穿越苍穹！无论自己面临多么艰难的境地，只要永远保持一颗乐观豁达的心，坚持到底，就会迎来你别有洞天的精彩人生，就会走入繁花似锦的美好命运！

一个内心强大的人，是真正有思想的人。他对自己想要什么，想过什么样的生活，都有自己的主见。他看待这个世界，他认识人生，看待幸福等，都有自己的标准，这些东西在他那里是完全切合的。因此，内心强大的人拥有强大的信念，拥有勇往直前的勇气。

一个内心强大的人，会主动地说明自己内心的真实想法。他意志坚定，不论外界有多少诱惑，有多少挫折，都心无旁骛，都永远固守着内心的那份坚持。他在人生的道路上不断磨练自己，逐步将自己培养成为一个成功的人。

一个内心强大的人，有自己的幸福标准与快乐的标准。这样的人，即使身处逆境，内心也是平和的、自信的，快乐的。因为，他随时享受着别人无法享受，也无法理解的从自己内心沁出的幸福与快乐。

一个内心强大的人，会把孤独当作一种享受。一个内心强大的人，他不在乎有多少人理解他，也不在乎世界上有多少人误解了他，他不在乎有多少世俗的偏见，因为他的内心就是一个完美的世界，这个完美的世界，足以弥补外界物质的匮乏。

让自己成为一个内心强大的人吧，让阳光永恒在你的心中，伴你一路洒满阳光，去开创美丽人生！

目 录

前言 ·· 1

第一章　掌控内心，才能掌握命运

01　良好的心境，让你永远年轻 ······································ 2
02　简单生活，把幸福握在手中 ······································ 4
03　享受生活，让人生充满快乐 ······································ 6
04　脚踏实地，平淡人生也精彩 ······································ 8
05　放飞心灵，获得人生最大的幸福 ······························ 10
06　心灵有弹性，人生必定潇洒 ···································· 12
07　忙里偷闲，让人生成为独特的风景 ························ 14
08　享受读书之乐，享受人生乐趣 ································ 16
09　抛开烦心事，让生命安详自在 ································ 18

第二章　做心情的主人，让人生一路高歌

01　控制情绪，希望的大门为你敞开 ···························· 22
02　凡事往好处想，获得人生的突破 ···························· 24
03　笑对绝境，绝境必能逢生 ·· 26

04	思想光明,人生必定光明	28
05	把握已经拥有的,成为心灵的富人	30
06	把握自己,走上平坦的人生之路	32
07	失败——成功的踏脚石	36
08	心情愉快,让人生充满光彩	38
09	自我肯定,开启成功之门	41

第三章　享受过程,开创不平凡的人生

01	享受今天的快乐	46
02	走好自己的路,营造美好人生	48
03	珍惜每一分钟,把成功握在自己手里	50
04	认真度过每一天	52
05	享受过程,人生必定成功	54
06	宠辱不惊,成功和你相伴	56
07	享受工作,生活充满幸福	58
08	压力,让生命更加多彩	62
09	看淡输赢,人生才能辉煌	65

第四章　适应环境,成就成功人生

01	良好的习惯,实现理想的动力	70
02	知足常乐,对生活充满信心	72
03	正视自己,成为生命的强者	74
04	笑,快乐的人生更幸福	76
05	心态乐观,事业必定成功	79
06	降低标准,让人生充满快乐	81
07	不耻下问,心胸远大才能成功	83
08	知足,人生快乐的根本	86
09	适可而止,中庸的人生最长久	88

第五章　相信自己，事业必定成功

- 01　正确看待自己 …… 94
- 02　自信的人生必辉煌 …… 96
- 03　做自己的主人 …… 98
- 04　自我肯定的人生必定成功 …… 100
- 05　态度，决定人生的高度 …… 102
- 06　做自己想做的人 …… 104
- 07　奋斗，让自己的人生与众不同 …… 106
- 08　心态健康——事业成功的基础 …… 108
- 09　活出自己的精彩人生 …… 110

第六章　善待梦想，营造美好的人生

- 01　擦掉"不能"前面的"不" …… 114
- 02　持之以恒，把成功握在自己手中 …… 116
- 03　勇于尝试 …… 118
- 04　永不放弃 …… 121
- 05　等待，让生命之花开放 …… 123
- 06　忙碌，充实的生命更成功 …… 125
- 07　信念，成功的风向标 …… 127
- 08　努力，成功的机会在你自己手里 …… 130
- 09　发现自己的能力 …… 132

第七章　学会放弃，人生会更高远

- 01　做生活的强者 …… 136
- 02　让生命轻松前行 …… 138
- 03　放下，欣赏生命的美丽 …… 140
- 04　舍弃不切合实际的欲望 …… 143

05 做最好的自己 …………………………………… 145
06 笑看输赢,心安人生必定美 …………………… 148
07 正确的看待失去,人生才会成熟 ……………… 150
08 降低欲望,得到人生的幸福 …………………… 152
09 不执着,让人生自在洒脱 ……………………… 155

第八章 包容感恩,让你的青春辉煌灿烂

01 心存希望,危急就可转化为成功 ……………… 160
02 心中充满爱,人生必定成功 …………………… 162
03 宽容,让你拥有更多的成功 …………………… 164
04 挺住,胜利就在前方 …………………………… 166
05 感恩,让生命魅力无边 ………………………… 168
06 难得糊涂,成就超凡脱俗的人生 ……………… 171
07 宽容仁爱的心态,让心灵轻松平和 …………… 173
08 心灵的宁静,人生幸福的关键 ………………… 175

第九章 把握今天,绘制美好明天

01 从今天开始新的生活 …………………………… 180
02 告别过去,人生才能幸福 ……………………… 181
03 忘掉过去,重新起航的人生更辉煌 …………… 184
04 把握今天,筑起明天成功的基础 ……………… 186
05 活在现在,轻松前行才能成功 ………………… 188
06 做好手头的事 …………………………………… 190
07 适时变通,走上成功的平坦大路 ……………… 192
08 经历磨难,破茧才能成蝶 ……………………… 194
09 从现在开始行动 ………………………………… 197

第一章
掌控内心，才能掌握命运

  我们试图掌握命运，到头来却总被命运捉弄；我们试图探讨人生，到头来却发现人生如梦；我们试图张扬个性，到头来却往往被群体同化。"人生不如意，十之八九"，既然无法掌握命运，我们就顺其自然，找到内心的自我，做到不迷失自己，达到内心的平和！生命简单一点，快乐也会长久一点！

01　好的心境，让你永远年轻

让自己永远保持良好的心境，你就会永远年轻。烦闷能摧毁人的活力，消磨人的意志，忧愁会使人衰老！

要懂得忘却。人生最大的痛苦缘自追求完美，要知道，真正的光明并非没有黑暗的时刻，只是永远不为黑暗淹没罢了。我们的生活也是一样，忍着疼痛奔跑，带着泪光微笑，这才是真正的生命。忘了一些破坏自己心情的人和事吧！为什么要用别人的错误来惩罚自己呢？忘却曾给自己带来的难堪，何必让那些往事老是在自己的心里化脓、结痂、再裂开呢？那只会让自己陷入痛苦中无法自拔。忘却别人对自己的评价吧！生活勿须刻意，只要随意、率性，生活是自己的，何必管别人去怎么想？忘却别人对自己的伤害吧！坚信一点，别人对自己的帮助是有意的，对自己的伤害是无意的。为什么要忽略别人有意的帮助，而偏要执着于无意的伤害呢？

要懂得放弃。人生如戏，每个人都是自己生命中的唯一的导演，只有懂得放弃的人才能彻悟人生，笑看人生，始终拥有一个好的心情。"舍得舍得"，有舍才有得。有时，放弃不一定是一无所有，它会意味着另一种获得。放弃城市的舒适，你可能会得到清新的山花；放弃手中的权力，你可能会得到温暖的亲情；放弃眼前的虚荣，你可能会得到永远的掌声……学会放弃吧，放弃屈辱留下的敌视，放弃心中难言的负荷，放弃费尽精力的争吵，放弃没完没了的解释，放弃对虚名的争夺……学会放弃，我们才能轻装前进，真正解放自己！

要懂得欣赏。用欣赏的眼光看待人和事，我们会更幸福。其实，每个人身上都有优点，也都有缺点。我们何必要带着放大镜看人，而不带着望远镜去欣赏呢？晶莹的雪山有着冰清玉洁的美，潺潺的小溪有着清秀自然的美，波澜壮阔的大海有着宽广豪放之美，每一种美都给人不同的震撼。每一个人都是有血、有肉、有灵魂的，每一个人也都有着不同的美。但金无足赤，人无完人。用放大镜去看，我们在看到美的同时，更多的看到的是人的缺点，这些缺点严重影响了我们的审美观，渐渐地，渐渐地，我们的眼中只剩下缺点，我们的心中只剩下挑剔；望远镜欣赏到的，是整体的美，我们会看到别人的优点在闪光，我们会感动，我们会快乐，我们会感到幸福，从而我们的生活也会充满阳光。

好心境对于我们是那样重要，健康与美丽，如若没有一份好心境，犹如沙上建塔，水中捞月，一切都无从谈起。心情与我们形影不离，它牢牢黏附在胸膛最隐秘的地方，坚定不移地陪伴着我们。快乐的人，在黑夜中也会绽出笑容；凄苦的人，梦中也滴泪。

心情是心田的庄稼。只要心脏在跳动，心情就播种着，活跃着，生长着，更迭着，强有力地制约着我们的生存状态。可能没有爱情，没有自由，没有健康，没有金钱，但我们必须有心情。

心情是我们的收割机呢！如果你懊丧，收获的就是退缩畏葸和一事无成；如果你落落寡合，只一味地倾诉苦难，朋友最终会离去，留你孑然面对孤灯；如果你昂扬，希望永远微茫的闪动，激你前行。

如果你渴望健康和美丽，如果你珍惜生命每一寸光阴，如果你愿为这个世界增添晴朗和欢乐，如果你即使倒下也面向太阳，那么，请保持一份好心境。

让沉稳、宁静、广博、透明的心，覆盖生命的每一个清晨和夜晚。从此不再因外界的风声鹤唳而瑟瑟发抖，不在因世间的荣辱得失而锱铢必较，不再因身体的顿挫不适而万念俱灰，不再因生命的瞬忽飘逝而惆怅莫名……

人生因此健康，因此壮丽。

做个内心强大的人

02 简单生活,把幸福握在手中

  人生天地之间,若白驹过隙,倏忽其间。在这短短几十年的生命旅程中,我们真正需要的东西又有多少呢?试想一下,人活着需要呼吸,所需的仅是一口新鲜空气而已,而这空气又是大自然无偿赠予我们的;人活着还要吃饭,以维持生命能量之所需,而食物只要能果腹、满足生命需要就可以了;人活着还要穿衣,而穿衣仅仅是为了御寒,此外再有个能容三尺之躯躺下睡觉的地方就行了。除此之外,其他的东西对于我们来说都是有更好,少亦无不可的。

  作为地球的一员,我们人类和其他动物的基本需求是一样的,我们的祖先不是连衣服都不穿还照样生活得优哉优哉吗?随着社会的向前发展,人类似乎越来越多地把自己的聪明才智用于制造一些于我们自身意义不大的东西,人类的行为似乎正一天天地远离我们的人生本质,物质文明的高度发达使我们像坐在一辆高速运行的无轨电车上,风驰电掣地奔向那绚烂而渺茫的所在,而失去了我们本该固守而珍视的简单生活。

  回想那离我们并不遥远的农耕文明时代,那时人们所求甚少,一亩地,三分田,老婆孩子热炕头,日出而作,日落而息,人们顺应着自然的节拍,生活得安逸惬然。虽然那个时候物质生活并不富足,仅能填饱肚皮而已,但人们内心是富足快乐的,因为人们没有什么欲望,所以在他们脸上呈现出的是一副安详闲适的神态,那种田园牧歌式的生活令今人遐想不已。

  再看看我们现在的生活,物质生活已是今非昔比。想吃什么就吃什么,可我们已没有了胃口;想穿什么就穿什么,可我们又没有了穿的兴致;出门以车代步我们依然疲惫不已,进门有沙发高级席梦思我们却夜夜失眠。人们欲壑难填既造成了物质的极大浪费,耗费了有限的资源,造成了环境的污染,还破坏了宁静的心境。现代人生活越来越好,健康和心情越来越糟就是明证。

美国作家梭罗在《瓦尔登湖》中用自己的实际行动告诉我们:只有简单的生活方式才是我们人类真正需要的。他在深山密林里,在瓦尔登湖边,自力更生造小木屋,种庄稼,打渔,过着自足自给的农耕生活。在这种生活中梭罗找到了生活的真正价值和意义,因为这种生活最贴近生活的本真,在简单中蕴含着生活的真谛。

我们有时候就像那磨盘上的驴子,一天到晚无目的无意义地转着圈子,看似复杂繁忙的生活只不过是炫人眼目的肥皂泡,被简单生活的阳光一照,立刻就原形毕露,忙来忙去最后还是一场空。

世事茫茫似流水,休将名利挂心头。粗茶淡饭随缘过,富贵荣华莫强求。如果有了这样的心态,我们就能在万丈红尘之中筑一间自己的小屋,过自己的简单生活,因为平平淡淡才是真啊!

在物欲横流的今天,生活的快节奏或许让你来不及考虑什么才是幸福,而你可能只是在夜以继日的为名为利为金钱默默的工作着。你或许认为有了钱,有了车,有了房就会幸福,但其实顶多算是一种物质的享受,如果你只想拥有这些,你就会变得麻木而感觉不到幸福的存在,而只有那些可以让自己心灵充实的幸福才是幸福的真谛!你或许可以一眼就能看出一个人是否富有,但内心世界的幸福永远是我们无法感知的。

人往往在失去后才知道珍惜,这山望着那山高,常常忽视了眼前的幸福,应该好好珍惜已经拥有的幸福才是,知足常乐,怀着感恩的心对待生活,这样我们就会感觉到其实生活里有很多很多的快乐等着我们去发掘。

有时幸福只是一种感觉,简单的生活才是幸福的真谛。

03　享受生活,让人生充满快乐

欢乐和痛苦从来就是一体。诗人吉皮乌斯如是说。

冰心也说道:"生命中不是永远快乐,也不是永远痛苦,快乐和痛苦是相生相成的。等于水道要经过不同的两岸,树木要经过常变的四时。在快乐中我们要感谢生命,在痛苦中我们也要感谢生命。快乐固然兴奋,苦痛又何尝不美丽?我曾读到一个警句,它说'愿你生命中有够多的云翳,来造成一个美丽的黄昏'。"

"要记住:不是每一道江流都能入海,不流动的便成了死湖;不是每一粒种子都能成树,不生长的便成了空壳!"

要相信生活始终是一面镜子,照到的是我们的影像,当我们哭泣时,生活在哭泣,当我们微笑时,生活也在微笑……

人应该学会享受,而不能总是操心劳作。享受生活有着两种不同的方式,一种是享受快乐,一种是享受痛苦。也许有人会问痛苦怎么享受呢?当一个人经历太多痛苦后,蓦然回首,这难道不是一种宝贵的财富吗?而拥有这种财富不是一种享受吗?品味痛苦,是品味那串串汗滴流下时的艰辛;享受快乐,是享受擦干汗滴的惬意。

享受生活,不是享受钱财、地位、权势。生活的味道各种各样,酸甜苦辣,只有细细地品味才能学会享受。只有学会享受生活,才会用平和的心情去面对,去挑战,面对生活、面对朋友、面对社会,甚至面对世界,享受生活没有高低贵贱,没有美丑,也没苦与甜。

当你快乐时,你要意识到快乐不是永恒的。犹如盛筵过后,客宾散尽,换下华服,生活依然回归简单,回归平淡。

当你痛苦时,你更要意识到,痛苦也不是永恒的。聪明的人会将痛苦转化为奋斗的动力,在未来无数的日子里,努力拼搏直到达成所愿。

是啊,这世上有哪个人的生活不是忙碌而又坎坷的呢?人生并非尽如人意,也许你和我一样,常常感受到生活中太多难以排解的无奈和缺憾。也许是梦想得不到实现,也许是得到的离你所期待的相去甚远,但是我们总是能够在这样的无奈中坚持着,我们承认自己的平凡,却不曾放弃追求哪怕只是瞬间的完美。因为,在这个世界上,无论是谁,都不能漠视自己所付出的真诚,而只要是真诚的付出,就一定能有真诚的回报。有人说,不问收获,但问耕耘。其实,谁又能说耕耘本身就不是一种收获呢?乐在其中,乐此不疲,不也是人生的一种境界吗?

现实生活相对内心的理想境界永远是一种挤压,在这种挤压下,我们想要的生活离我们的现实越来越远。总感觉活着很累,越是长大,烦恼就越多。那些未解决的,将要解决的和想要解决的事快堆积成山。压得人喘不过气来,但是作为一个生命的个体,我们必须坚强的生活,必须努力奋斗,必须让自己和家人幸福。

无论是开心的还是不开心的,在我们走过的时间,心里又装填了好多回忆。不管是迷茫还是清醒,我们都用心去面对,生命又蕴涵了好多收获。现在的生活条件真是好多了,所以我们更应该去珍惜。全身心投入这条创造美好的路。只有今天努力拼搏,明天才有快乐旅行。窗外风景独好!

岁月的流逝,生活的繁琐,现实的诸多不易给人越来越多的压力,没有驻足品味的闲暇,少了冥想沉思的情致。一个人的情绪受环境的影响,这是很正常的,只有心里有阳光的人,才能感受到现实的阳光,快乐是一种生活态度,快乐是一种心绪。不要把自己禁锢在忧愁的厚茧里,美化生活,欣赏生活,人生到处都会有亮丽的风景。

朋友,请打开智慧与力量的大门,去拥抱生活,享受快乐,品味痛苦,亲吻那带着新鲜露珠,透着淡淡清香的玫瑰吧!拥抱那闪着睿智的火花,充满青春气息的人生大树吧!

04　脚踏实地,平淡人生也精彩

我们无法躲避每一个平淡的日子,也无法回避平淡日子里流水账一样的忙碌。

我们是俗人,注定要为食人间烟火而被乏味单调的琐碎所困扰,即使心血来潮躲进静静的一隅享受一下畅想的神游,但忽来的风雨又会使你不得不面对没有意趣的风景。

偶尔也从心底泛起一缕诗的冲动,但那不成平仄的激情又很快被窗外的喧嚣所淹没。

于是反反复复之中我们开始不自觉地远离原本生动的世界,心在平静中安定了,却也懒惰了;日子在隔膜中悠闲了,却也枯燥了。

苦短的人生本来就容易在人们犹豫的时候无声无息地滑过,更容易在人们茫然的时候无滋无味地虚度。如果我们一犹豫就无奈地退让,一茫然就无力地躲避,那么,没人逼我们自己就会主动交出了保持自尊的权利,同时也提前宣判了自己的未来只能是碌碌无为。

虽然,每一个开始未必就是一个动人故事的序幕,但我们至少可以让每一个普通的开始,为将来某个还无法预知的动人情节做一次平实的铺垫。虽然,挺过每一道难关未必就会赢来诱人的荣誉,但我们至少可以让每一次的坚持为自己的坚强做一次磨练,让每一次较量为自己的成熟做一次有份量的充实。

也许因为我们的位置平凡,显山露水的机会太少;也许因为我们的辛劳平淡,惊心动魄的壮观难遇,但只要在自编自导自演的舞台上,明明白白唱出了心底的愿望,潇潇洒洒舞出了梦中的向往,即使没有观众的欢呼,我们也有资格给自己一次奖赏。

特别是在属于自己的狭小空间里,只要我们的视野不是被自己的局限所挡住,只要我们的心胸不是被自己的浅薄所束缚,我们放飞的寻找就必定会有并不黯淡的远方,我们营造的图景就必定会有并不模糊的境界。

每个人都有自己的活法,只要能够发现自我,并且在身体与心灵中保持自我,并最终超越自我,即使无人喝彩也会有所收获。活出平凡真实的自己。

人生在世,笑是一种潇洒,哭也是一种潇洒,只要发自肺腑,定会酣畅淋漓。

我们习惯了每天都身不由己的做很多事情,不得已的对着很多人笑;甚至在炎热的夏天也西装领带的在户外应酬,还要装出一副轻松凉快的样子。

其实每个人都是自己,世界上再也找不到第二个你。所以你不必刻意的去模仿别人,也不用虚伪的总是满脸堆笑。要知道,你并不是圣人。因此你不必害怕犯错误或者被人发现你某方面的能力不足;也不必去努力做得周围的人都100%认同你,因为这是不可能的;偶尔你还可以在心情不好的时候大声地对着陌生人说两句粗口……

当你的月收入只有一千元的时候,不必去模仿别人月入一万元的那种生活;即使你模仿得像模像样,但你会觉得痛苦不已。人生目标要有,但如果你能力还没达到而且机会还没来临的时候,踏踏实实地做好眼前你该做的工作,别指望一年半载内能拥有个上市公司。

你必须把那些漂浮的思绪,渐渐转化为清晰的思路和未来的方向。华丽和漂浮都不易长久。请走出那天真的童话世界,不要抱怨为什么人家如此幸福,我如此不幸,你要知道,未来的每一天都在你自己手上,不要让任何人主宰你的情绪和人生,有人说过:有勇气主宰自己命运的人才是英雄,相信谁也不愿意去做狗熊。不要为一些琐碎事情难过,也不要无病呻吟。不要沉溺于小感伤和小感动。朋友们,我要你相信温暖、美好、信

做个内心强大的人

任、尊严、坚强这些老掉牙的字眼。我要你从生活中赶走颓废、空虚和迷茫。在这复杂的社会中我们要学会处变不惊,不要让自己迷失了方向,伤心和委屈的时候,就号啕大哭。哭完洗洗脸,挤出一个微笑给自己看。给自己一个远大的前程和目标。记得常常仰望天空,但也不要忘记仰望天空的时候也看看脚下。

平凡的日子里演绎平凡的自己,虽说平凡的人只要努力就能影响世界,但不要刻意地去追求什么,用自己的善良品质和快乐的心情,去做真实而平凡的自己。这样的日子有思念相随,有开心相伴,可谓天马行空,你会为此而感到自豪,感到惬意,也活得真实轻松而又安然。

生活是丰富多彩的,于每个人而言,也太有吸引力了,因为向往,因为期待,张开双臂,迎接新生活的到来。

05 放飞心灵,获得人生最大的幸福

佛说:"安禅何必需山水,灭却心头火自凉。"

我们的心灵本来是自在而无拘无束的,初生的赤子是那么的无忧无虑,让人羡慕。但到成年之后,却因为社会后天对我们的熏陶,使我们自由自在的心灵受到污染,从而不得不去为了生活奔波忙碌。这样就因为种种工作、生活追求的念头,才把我们的心灵给束缚住了。追求金钱的,他的心灵就会被金钱所束缚住;渴望女色的,他的心灵就被美女所束缚住;攀缘权力的,他的心灵就会被权力所约束。总之,凡是过度追求外在物质享受的人,他们的心灵从来都没有自由自在过。

现代人追求享受,活的却越来越累,买房买车,房有了,车有了,人老了,人病了还有什么意义。究其原因是对幸福的理解不同,幸福其实是放松心灵,心灵自在了,才是人生最大的快事。追求名利,追求过度的物质

享受，与人攀比，心灵为物质所役，心灵成为名誉的奴隶，还能谈得上幸福吗？

人对于世界的认识就是世界观，对人生的态度也就是人生观。这人生观和世界观不能正确地树立起来，任何一种生活方式都会是痛苦和烦恼的。当然，人生观和世界观都是各人根据各自的立场来确定的。或者以名称地位为追求的目的，或者以声色犬马为快乐，或者顺其自然过生活。但是，生活的态度不同，感受的幸福和痛苦自然也就不同了。

生活的不安、焦虑、急躁、扭曲等，都不是痛快淋漓的，往往会让人感觉到烦恼。每日里要应付各种各样的杂务，许多不相识的人，各个层次的人，使自己的心理得不到安宁，从而感到烦恼；生意人想赚钱，却偏偏赔了本；不想见的人却就在自己的眼前，相爱的人却必须分离，追求的东西却得不到，既得利益却要丢掉等等，都是生活中的烦恼，使人无法真正地领受人生的美好和安详。

人们逃避家庭、城市、社会及自己的问题而逃至深山中去寻觅心内的平静。可是既然是要寻觅"心内"的平静，又怎么可能在"心外"寻得呢？快乐只可以在心内寻得，并不在于你身处之地方。如果你心中没有平和，纵然跑到天涯海角也不会寻得到它；心中有了平和，身在何处就不那么重要了。

我们的心影响着我们所见到的世界。拥有一颗快乐之心的人，见到的是一个值得欢欣的世界；内心充满仇恨的人，见到的是一个令人愤怒的世界；心中满是忧伤的人，见到的是一个充满悲哀的世界。

有智慧的人在独处时会管好自己的心，在不是独处时则会管好自己的口。自知为愚者的并不愚蠢；自以为聪明的却是愚中之愚。在你的心开始懂得以智慧去观察时，生命的真谛便会在每一刻、每一地方、每一事物中向你展现。

如果你向往自主的话，先去学懂主宰自己的心。放下一点执着，你便

做个内心强大的人

会有一点平静自在;放下多一点执着,你会有多一点的平静自在;在完全放下时,你便会体验到完完全全的平静自在。

从今开始,由己及彼,从心着手,静化灵魂,受益匪浅

06 心灵有弹性,人生必定潇洒

有人说:心灵的困窘,是人生中最可怕的贫穷。你若能不用依靠外在的刺激,也可以活得很快乐,那么就能保持内心宁静和安详了。有很多人是需要靠着外在的麻醉和热闹,来感觉自己的存在,而真正充实的人,对于声色犬马则有免疫力。灵魂若找不到目标,就会迷失;拯救自己的灵魂,比得到全世界更有价值。

有量就有福,有福心就灵,所谓福至心灵;就是说金钱无法带给你心灵的安详,心灵的安详只能靠个人自己去探索、培养。没有内在的安详,人就无法感到幸福,而心灵的安详是人一生中最重要的体验。

人是需要交流的。直接的、间接的、有声的、无声的,哪怕是只有我们自己的时候,我们也总能找到一种方式,使我们心里的一些向往获得一种认同和感应。

琴弦因为富有弹性,所以,能奏出各种美妙的乐曲;金钟因为富有弹性,所以,能撞出声闻数里的强音;弓弩因为富有弹性,所以,能射出直透石棱的箭羽;发条因为富有弹性,所以,钟表走出了平稳的节奏;小草因为富有弹性,所以,不怕狂风暴雨的吹打;松柏因为富有弹性,所以,不惧层层冰雪的重压……

弹性的可贵之处就在于它:化解了冲突,创造了和谐;缓和了撞击,建立了平衡;避免了扭毁,保全了物性。在退缩中还原、吸纳中释放,是弹性的灵魂;看似柔若海绵、实乃钢骨铮铮,是弹性的本质;平静中充满着时刻

迎接挑战的张力，对抗中却悄然的把对方变成了自己的同盟，这是弹性的内涵。

因此，大自然既然能够赋予天地间万物如此迷人的属性，它同样也能成为我们内在心灵的一种智慧和外在生命的一种品质！

当心灵有了弹性，我们的生命便像是演奏家手中的六弦琴，会弹出一支支悦耳动听的妙曲；不管在人生的岁月里，我们的心灵要经受着多少次的不幸、挫折和失意的敲打，但是，从那琴弦上飘逸而出的便都是希望的音符和激情浪漫的畅想曲。

当心灵有了弹性，我们的生命便像是穿越生活之海的帆船，一阵阵狂风的袭扰，只能使高高的桅杆在空中划出优美的弧线；一次次浪涛的洗礼，正是为航海者的引吭高歌奏响的和弦。因为我们能笑对曾经或正面临的苦难和灾祸，所以，我们能深深地理解什么是人生的意义；因为我们能坦然地接受命运的挑战，所以，生活中我们胸中有着一份不会被负面情绪置换的自信和乐观。

当心灵有了弹性，我们的精神便不会再像窗子上的玻璃一样的脆弱，经不起小小丸石的轻轻一击，而是像重锤下的战鼓，擂的愈猛，声音就愈是激越高昂；逆境里，我们就不会被悲观和绝望的情绪所控制；磨难中，我们不会熄灭心中的希望和梦想；压力下，我们会更加兴奋和刚强。

当心灵有了弹性，我们的襟怀就会变得更加博大和宽敞，我们的语言就会变得更加幽默和风趣，我们的为人就会变得更加谦逊和大度，我们的处世就会变得更加智慧和圆融，我们的心态就会变得更加阳光和畅达，我们的生活变会变得更加轻松和洒脱，我们的追求就会变得更加高远和执着……

当心灵有了弹性，我们就不会再被名利拖累得心力交瘁，不会再为成败孤注一掷，不会再被得失弄得寝食不安；不会太过于注重他人的臧否而失去自我，不会再把简单得问题想的深奥复杂，不会再将明白的事情搞得

13

玄之又玄；不会再在春风得意时目空一切，不会再在失魂落魄时自轻自贱……

因此，拥有了富于弹性的心灵，我们便拥有了自在潇洒的人生！

07　忙里偷闲，让人生成为独特的风景

我们都是普普通通的人，每天在行色匆匆的人流中穿行，在嘈杂喧嚣的环境中忙碌。我们渴望在疲惫的奔波中获得轻松的释放，在夜深人静的安宁中，为自己莫名的孤独找到平静的理由，我们甚至期待自己平平淡淡的生活能出现向往已久的辉煌，幻想着以自己平庸的能力创造出非凡的成绩。我们不停地在为我们的心灵祈祷着，因为只有心灵的不懈和满足，才能使我们感受到人活着幸福的意义。

许多人都用短促的生命去换取名利，就是工作与休息也要听命自然。上帝都说第七天必须休息，只是一味工作，一味做学问，没有休息是违背人性的，这一点就连老天爷都不答应。

人有无名气对生命来说并不重要，大小名气都是生命流动的副产品，在媒体发达的今天，名气被吵得很热，但是大多名不副实，唯有你创造的工作果实是实在的，让人难以忘。富贵贫贱对于人也不重要，倒是人容易受财富之累，贪婪之心一起，轻者毁家丢职，重者判刑杀头，遗臭千年。学者孙国平曾在一篇随笔中说，他宁做有闲的穷人，不做有钱的忙人。其实生命的价值取向是很朴素很自然的。

人若为财、为名利刻意追求，势必大动心思斤斤计较，生活变得繁杂，烦恼重重。久而久之，已无羞耻之心。你也许不知道，英国最高勋位"嘉德勋位"本起源于一根吊袜带。1348年，爱德华三世在一次庆功舞会上邀请皇后侍女袭恩跳舞，正在舞中，袭恩的吊袜带突然掉了下来。爱德华

三世很自然地为她捡起袜带，并若无其事地系在自己的腿上，边系边说："谁以为邪恶，谁就可耻。"舞会结束后，爱德华国王决定，要让全体臣名都能获得这样的吊带的光荣。他将吊袜带改成了一条漂亮的绶带，上面写着："谁以为邪恶，谁就可耻。"将它授予英雄。就这样，国王的恶趣味变成了最高荣誉，那些执着于追求最高荣誉的人是不是觉得诧异呢？

在春日暖阳下，独自与自己的心灵对白，享受这一刻孤独带给我的美丽。打开窗户，请进阳光，打开一本书，读一读心情，细细欣赏，对自己微笑，欣赏自己的时候，心情真好。人生路途，难免一个人独处，独处是一种能力。当自己一个人时，和自己的影子对话，可以探听自己灵魂的深度，可以测出自己对自己感觉的真实程度，喜欢自己，完善自己，愉悦自己美丽的生命之花。在最内在的精神生活里，每个人都是孤独的，爱不能消除这种孤独。但人要学会享受孤独，使之成为一种美丽。喧嚣尘世，宁静心态最为可贵，其实，宁静如一泓清泉，要靠自己内心去净化。学会享受孤独，是一种能力，天马行空，让思绪飘遥，心如自在莲花，有时也是一种清雅。

找点闲暇、积点闲钱、忙里偷闲来点闲情，功名利禄等闲视之，安心做个等闲之辈，不亦乐乎，不亦快哉！这一连六个"闲"字，道出了一种心态。一种别样的境界和情怀。

找点闲暇，可以让心灵平静归于自然；积点闲钱可以让生活恬淡有味；忙里偷闲，可以让身体轻松愉悦；来点闲情，可以让日子如白云悠悠，宠辱不惊；功名利禄等闲视之，可以让人生淡泊宁静；做个等闲之辈，可以闲看庭前花开花落，"不以物喜，不以己悲"。

生命需要许多角落，而闲适是一个不起眼的抽屉，尽管里边没有因为仰仗物力所获得的财富、地位和高贵，但至少能让自己在忙碌的世界保留一分从容和宁静，供心灵自由散步出入。脚踩大地，身在人世间，心存星空处，忙里偷闲，闲庭信步，没有观众只见心灵独舞，独成一幕婆娑风景。

做个内心强大的人

世界上的良药，每一种只能治一种疾病；心灵的良药——智慧与慈悲，却可治愈一切病苦。人们常常嚷着要去寻找内心的平和，其实它一直都在，从不需要你去寻觅。当你从为欲望而劳役终日的忙碌中静下来时，自然会感觉到它。

08 享受读书之乐，享受人生乐趣

面对生活的多彩，我们选择了人生。

面对人生的悲欢离合，阴晴圆缺，我们选择了拥抱与品味，拥抱书籍，品味快乐。

读书之乐，源于目而富于心，愈久愈深。古云：书中日月长。书中有秦汉的冷月，唐宋的乐舞，明清的悲歌，将世事沧桑，人生百态尽展眼底。在星稀星繁的月夜里，去拜访孔夫子的儒雅，去聆听鲁迅大师的教诲，去感悟老庄的哲性，心灵在瞬间完全进入了净化的状态。

读书之乐，源于史而净于心，愈真愈纯，打开一部文书，犹如一部历史的长卷，谛听历史的脉搏；咀嚼人生的甘苦。庄子的超脱，李白的孤傲，陶潜的隐逸，岳飞的壮怀，鲁迅的激昂——历历在目，心境与文字互为水乳，身不由己地跟随作者进入如诗如画的意境。古贤今哲所论述的广泛空间，纵横万里，上下千年，读之陶冶性情，思之心境畅然。

读书之乐，源于文而悟于心，愈精愈深。绺徉书海，就拥有了整个宇宙：楚辞的风骚，汉赋的酣畅，唐诗达到典丽，宋词的俊逸。观沧海，望星空，明月清风。杏花春雨，金戈铁马，大江东去，疏梅横斜，暗香浮动；残荷冷雨，优雅淡远争斗之间，思接于载，视通万里，浸润其中，韵味悠悠！

读书之乐，源于意而透于心，愈长愈远。潜心书海，酿就读书人一份无拘无束的快意，而所谓的增长知识都是在似春雨润物、春蚕食叶般的快

乐阅读中水到渠成,瓜熟蒂落的。同一本书年轻时读,多半出于猎奇的心理。不能心置其中,中年时读,或许就能领会书中精髓。年高时读,则犹如人置高处,一览无余。或许如古人所说的,"少年读书犹如隙中窥月,中年读书如庭中望月,而年老读书则如台上观月"。综其视之,读书的品味也是渐入佳境的。

读书之乐,使你如风,掠过千山万水,黄河黄山,长江长城。使你如鹰,翔过绿色,蓝色与红色的家园,领略西双版纳与大兴安岭,倾听雅鲁藏布与喜马拉雅。

并不是每个人都必须立志成名成家,但每个人都想往胸中有兴味,口中有趣味,为此我们会走向阅读;不是每个人都事必躬亲,每个人却都需要广见闻,明事理,为此我们也会走向阅读。在今天,走向阅读是一件极其自然和必然的事情。

从小学到大学,从学习到工作,回首一步步成长中与书亲密接触的历程,曾经为追求知识而拼命读书,随着时光渐逝,阅历渐丰,阅读中我们会越来越看重心灵的契合。自然也有为"需要"而读书的时候,但只有心灵契合之下的阅读,才能让人真正享有读书之乐。林语堂曾话:"兴味到时,拿起书来就读,这才叫做真正的读书,这才是不失读书之本意。"

所谓契合,可以是读者与作者的感悟契合,也可以是读书的心境与环境契合,二者皆可让人物我两忘,深味读书之妙。在这样的阅读中,我们的心灵插上个性的翅膀,遨翔蓝天;在这样的阅读中,性情的花园去除粗芜的杂草,盛开鲜花。

生活的脚步匆匆,世事的表象纷繁,选择能够让自己保持心灵沉静的阅读,一份拨开浮躁展露深思与真谛的沉静,在风雨飘摇的夜晚,在雪落无声的早晨,在温馨如染的枕上灯下。乔羽老先生有一句话:"不为积习所蔽,不为时尚所惑"。这就是从阅读中得到的最大财富,不管这个世界变得如何的物质化,我们的心灵永远需要呼吸,需要自由自在的遨游,而

做个内心强大的人

阅读以一种如此美妙的方式,在我们精神的小屋上打开一扇敞亮的窗,窗外是一道能够让我们感受深刻温暖、放松和愉悦的彩虹,是这彩虹,让我们的心灵通往自由的王国、自在的彼岸。

其实,人生本就是一部无字天书,漫漫人生,光阴似箭,我们无时无刻不在脚踏实地地撰写人生之书的每一个章节,诚愿普天下之人能读好人生这本精炼之书,找回快乐,并享受快乐。

09 抛开烦心事,让生命安详自在

在日常生活中,我们牵挂得太多,我们太在意得失,所以我们的情绪起伏,我们不快乐。在忧虑之际,我们如能多想想:"我不是为了忧虑而工作的""我不是为了忧虑而教书的""我不是为了忧虑而交朋友的""我不是为了忧虑而做夫妻的""我不是为了忧虑而生儿育女的",那么我们会为我们烦恼的心情辟出另一番安详之地。

假如我们能够适时地将心中的那些烦心琐事抛开,解放迷茫的内心世界,就能找回在生活中迷失的自我。

生活中,我们每个人必然会受到来自于诸多方面烦恼的干扰,令我们身心疲惫、痛苦不堪,然而心病还需心药医,只有我们从内心摆脱这些烦恼的束缚,将它们全部抛开,就能让心灵得到真正的轻松。

《六祖坛经》中有则小故事:

惠能在讲经期间,偶然有一阵风吹过,旗幡随风飘动起来,这引起僧人们的议论。一位僧人说:"这是风在动。"另一位僧人不同意这种观点,说:"不是风动,而是旗幡在动。"两人意见不统一,争论不休。惠能听到议论,走上前去说:"既不是风在动,也不是旗幡在动,是诸位的心在动。"

《坛经》中慧能禅师一语道破"风动"与"幡动"的本质皆为"心动"。

内心空明、不被外界所扰，这是坐禅者应该达到的基本境界，也是人们行事处世的快乐之本。佛眼禅师曾做过一首名为《无题》的诗偈，正好诠释了慧能禅师的意思——

春有百花秋有月，夏有凉风冬有雪。

若无闲事挂心头，便是人间好时节。

此偈的首两句描写大自然的景致：春花秋月，夏风冬雪，皆是人间胜景，令人赏心悦目，心旷神怡。然而禅师将话锋一转又说，世间偏偏有人不能欣赏当下拥有的美好，而是怨春悲秋，厌夏畏冬，或者是夏天里渴望冬日的白雪，而在冬日里又向往夏天的丽日，永无顺心遂意的时候。这是因为总有"闲事挂心头"，纠缠于琐碎的尘事，从而迷失了自我。只要放下一切，欣赏四季独具的情趣和韵味，用敏锐的心去感悟体会，不让烦恼和成见梗住心头，便随时随地可以体悟到"人间好时节"的佳境禅趣。

一个无名僧人，苦苦寻觅开悟之道却一无所得。这天他路过酒楼，鞋带开了。就在他整理鞋带的时候，偶然听到楼上歌女吟唱道："你既无心我也休……"刹那之间恍然大悟。于是和尚自称"歌楼和尚"。

"你既无心我也休"，在歌女唱来不过是失意恋人无奈的安慰：你既然对我没有感情，我也就从此不再挂念。虽然唱者无心，但是无妨听者有意。在求道多年未果的和尚听来，"你既无心我也休"却别有滋味。在他看来，所谓"你"意味着无可奈何的内心烦恼，看似汹涌澎湃，实际上却是虚幻不实，根本就是"无心"。既然烦恼是虚幻，那么何必去寻找去除烦恼的方法呢？

只要我们正在经历生活，就免不了会有一些事情占据藏在心间挥洒不去，让我们吃不下、睡不着，然而这些事情却并非那些重要而让我们非装着不可的事情，只是我们忧人自扰罢了。

有一位成功的商人，虽然赚了几百万美元，但他似乎从来不曾轻松过。

做个内心强大的人

　　他下班回到家里,踏入餐厅中。餐厅中的家具都是胡桃木做的,十分华丽,但他根本没去注意它们。他在餐桌前坐下来,但心情十分烦躁不安,于是他又站了起来,在房间里走来走去。他心不在焉地敲敲桌面,差点被椅子绊倒。

　　他用手敲桌面,直到一个仆人把晚餐端上来为止。他很快地把东西一一吞下,他的两只手就像两把铲子,不断把眼前的晚餐一一铲进口中。

　　吃过晚餐,他立刻起身走进起居室去。起居室装饰得富丽堂皇,他把自己投进一张椅子中,拿起一份报纸。他匆忙地翻了几页,瞄了瞄大字标题,然后,把报纸丢到地上,拿起一根雪茄。他一口咬掉雪茄的头部,点燃后吸了两口,便把它放到烟灰缸去。

　　他不知道自己该怎么办。他突然跳了起来,走到电视机前,打开电视机。等到画面出现时,又很不耐烦地把它关掉。他大步走到客厅的衣架前,抓起他的帽子和外衣,走到屋外散步。他持续这样的动作已有好几百次了。他在事业上虽然十分成功,但却一直未学会如何放松自己。为了争取成功与地位,他已经付出了自己全部的时间去获得物质上的成就,然而,在他拼命工作、拼命赚钱的过程中,却迷失了自己。

　　假如我们能够适时地将心中的那些烦心琐事抛开,解放迷茫的内心世界,就能找回在生活中迷失的自我。

第二章

做心情的主人，让人生一路高歌

"谋事在人，成事在天"，很多事情的发生发展是不受人为因素控制的。虽然事情无法改变，但是我们可以改变面对事情时的心情，用好心情去面对一切大事、小事、好事、坏事，或许因为好的心情许多事情的发展会朝好的方向发展。让我们做自己心情的主人吧！

做个内心强大的人

01 控制情绪，希望的大门为你敞开

凯斯特是一名普通的汽车修理工，生活虽然勉强过得去，但离自己的理想还差得很远，他希望能够换一份待遇更好的工作。有一次，他听说底特律一家汽车维修公司在招工，便决定去试一试。他星期日下午到达底特律，面试的时间是在星期一。

吃过晚饭，他独自坐在旅馆的房间中，想了很多，把自己经历过的事情都在脑海中回忆了一遍。突然间，他感到一种莫名的烦恼：自己并不是一个智商低下的人，为什么至今依然一无所成，毫无出息呢？

他取出纸笔，写下了4位自己认识多年、薪水比自己高、工作比自己好的朋友的名字。其中两位曾是他的邻居，已经搬到高级住宅区去了；另外两位是他以前的老板。他扪心自问：与这4个人相比，除了工作以外，自己还有什么地方不如他们呢？是聪明才智吗？凭良心说，他们实在不比自己高明多少。

经过很长时间的反思，他终于悟出了问题的症结——自己性格情绪的缺陷。在这一方面，他不得不承认比他们差了一大截。

虽然已是深夜3点钟了，但他的头脑却出奇的清醒。他觉得自己第一次看清了自己，发现过去很多时候自己都不能控制自己的情绪，例如爱冲动、自卑，不能平等地与人交往等等。

整个晚上，他都坐在那儿自我检讨。他发现自从懂事以来，自己就是一个极不自信、妄自菲薄、不思进取、得过且过的人；他总是认为自己无法成功，也从不认为能够改变自己的性格缺陷。

于是，他痛下决心，自此而后，决不再有不如别人的想法，决不再自贬身价，一定要完善自己的情绪和性格，弥补自己在这方面的不足。

第二天早晨,他满怀自信地前去面试,顺利地被录用了。在他看来,之所以能得到那份工作,与前一晚的感悟以及重新树立起的这份自信不无关系。

在底特律工作了两年后,凯斯特逐渐建立起了好名声,人人都认为他是一个乐观、机智、主动、热情的人。在后来的经济不景气中,每个人的情绪都受到了考验,很多人都倒在了情绪面前。而此时,凯斯特却成了同行业中少数可以做到生意的人之一。公司进行重组时,分给了凯斯特可观的股份,并且加了薪水。

看了这个故事,你的内心会不会有所触动呢?

成功,首先来自于情绪的完善,而非才能。因为,如果没有情绪的完善,才能将难以发挥作用。

这个世界上,成功的"天才"太少,而被宠爱坏了的"天才"却太多。很多有才能的人,往往对自己的才能过于自负,而忽略了对情商(EQ)的培养。他们不善与人沟通,在面对困难与打击时,不能有效控制自己的情绪,不时抱怨自己"怀才不遇",结果落得个一事无成。

美国心理家南迪·内森指出:一般人的一生平均有十分之三的时间处于情绪不佳的状态,每个人都不可避免地要与消极情绪做持久的斗争。

人之所以会产生不良情绪,很多时候是因为我们把问题极度扩大化了。其实,这个世界只有两种问题,一种是能解决的问题,另一种就是无法解决的问题。所以,你应该立刻以最实际的办法,着手解决你能解决的问题。至于那些你无法解决的问题,立刻忘掉它吧。

或许,当你听说一次本该到手的晋升机会被一个同事抢走时,开始,你会暴跳如雷,进而你又悲观失落,觉得自己的一生都没指望了。但实际上,你根本不需要如此。你失去的仅仅是一次小小的晋升机会而已,你要知道,当造物主为你关上一扇门时,又悄悄为你打开了很多扇窗户。不要放大消极情绪,不要听任情绪的发展,你应该做的,只是把这次晋升忘掉,

做个内心强大的人

开动你的创新思维,去争取更广阔的发展空间。

弱者听任情绪控制行为,强者让行动控制情绪。

关上通往恐惧和担忧的门,你就有机会打开希望和信心之门。不要让心中藏有任何消极的记忆,也不要把时间浪费在无法改变的事情上。

你必须给自己定一个目标:"今天,甚或现在,我一定要控制自己的情绪。"

02 凡事往好处想,获得人生的突破

有这样一个家长与孩子互动的游戏——"凡事往好处想"的游戏。

妈妈问孩子:"今天上学发现,口袋的十元不见了,请往好处想……"

孩子回答:"还好,不见的不是一百元……"

父亲回答:"捡到的人一定很高兴……"

妈妈问孩子:"今天上学后开始下起大雨,请往好处想……"

孩子回答:"还好,舅舅家住的近,可以帮我送伞……"

妈妈问孩子:"很用功的准备期中考试,结果成绩非常的不理想,请往好处想……"

孩子回答:"还好,不是期末考试……"

这个游戏很有趣,凡事往好处想,整个心情就变得不一样了。

记得有个故事,一个女孩遗失了一只心爱的手表,一直闷闷不乐,茶不思、饭不想,甚至因此而生病了。神父来探病时问她:"如果有一天你不小心掉了十万元钱,你会不会再大意遗失另外二十万呢!"女孩回答:"当然不会。"神父又说:"那你为何要让自己在掉了一只手表之后,又丢掉了两个礼拜的快乐!甚至还陪上了两个礼拜的健康呢!"女孩如大梦初醒般地跳下床来。说:"对!我拒绝继续损失下去,从现在开始我要想办法,再

赚回一只手表。"人生嘛,本来就是有输有赢,更是有挑战性的,输了又何妨。只要真真切切的为自己而活,这才叫做真正的生命。有些人就是因为不肯接受事实重新开始以致越输越多,终至不可收拾。

凡事往好处想我们不会怨天尤人,

凡事往好处想我们不会心情郁闷,

凡事往好处想我们不会一蹶不振,

凡事往好处想我们不会苦无出路,

凡事往好处想我们不会离乐得苦,

凡事往好处想会为我们带来一个停损点,

凡事往好处想会为我们带来乐观、开朗的性格,

凡事往好处想会为我们带来慈悲的胸怀,

凡事往好处想会为我们带来重新站起来的力量,

凡事往好处想会为我们带来无限的希望。

这真的是一个很好的观念,这个游戏或许大家真可以用在生活中,道理不在懂不懂,只在做不做,改变就从此刻开始!

人的心情是最重要的,想多了不好的事,就会真的不好。

别人是自己心的反映。如果你担心他对我不利,真的会对你不利。如果你想到对方是小偷,你的面相出来一个扭曲的怀疑的样子,然后对方看见了,敏感了,关系不好了,所以,不要老想别人对你不利。

我们在平凡的生活中总在梦想"明天会更好",我们在面临困境时会安慰自己"船到桥头自然直",我们在鼓励他人时会说"凡事要往好处想"。

凡事都向好的方面着想,是一种积极进取的人生态度。在市场经济竞争日益激烈的形势下,每个人都面临挑战,但更多的是机遇。向好的方面着想,就是弱化挑战、放大机遇,以饱满的精神迎接机遇、把握机遇。只有这样,成功的几率才会增大。

做个内心强大的人

《鲁滨孙漂流记》里面的主人公鲁滨孙·克罗索,被海浪带到一个荒无人烟的小岛上,度过了漫长的二十六年。鲁滨孙被送到小岛上的第一天,他列出了两份清单,一份列出自己的不幸以及面对的困难,另一份是列出自己的幸运以及拥有的东西。他在第一份清单上写了"流落荒岛,摆脱困境已属无望"。第二份清单上写船上人员,除了我以外全部葬身海底。鲁滨孙利用一切,改变了自己的命运,利用枪、陷阱捕捉猎物;自己搭建房子,这些奇迹般的生活让鲁滨孙不至于饿死,这些生活的起因都是那两份清单。

大家也可以像鲁滨孙一样,在日常生活中,面对问题时,可以先列两份清单,写一写自己所拥有的,是否命运真的如此不公,再来想想,仔细琢磨一下,面对的问题是否有解决的方法,如果有多种,就选自己认为最合适的方法去做。

凡事向好的方面着想,并不是盲目乐观,而是科学地对待困难和挑战,从挫折和挑战中寻找人生突围的缺口和良机。仔细审视我们周围普通人的生活和成长、成功经历,不难发现,许多人的生活印证了这一事实:只有扎扎实实生活,正视现实、不甘沉沦、努力向前,任何困难都会被战胜,任何逆境都会过去!

03　笑对绝境,绝处必能逢生

生活是一种态度。每一个人都会有共同的经历,每一个人都会经历挫折和不幸,每一个人也都有获得幸福的机会。生活是现实的,不以你的意志为转移,你可以活得很积极,也可以很悲观。同样是生活,有人整天愁眉不展,唉声叹气,有人却过得精彩无限,有滋有味。你可以决定自己的命运,只要你肯审视自己的态度。培根曾说过:"人若云:我不知,我不能,此事难。当答之曰:学,为,试。"

"世间本来没有路,走的人多了就成了路",想一想,连路都可以硬走出来,那么面对人为的环境和处境,我们有什么理由绝望呢!

很多时候我们绝望与否,重要的不是处于顺境或逆境,而是取决于对待顺境或逆境的态度和方法。有的人无论顺境、逆境都能进步,而有的人却是任何时候都在堕落。

其实,世上是有绝望的处境的,问题是在你的看法如何。如果你冷静下来想办法,尝试走另一条路的话,你的成功几率可能会有百分之九十的。如果你急躁不安,绝望了,不敢去面对和挑战,那你的成功几率只有百分之十。所以,这世上只有对处境绝望的人,而没有绝望的处境。我知道,成功从来只会青睐勇敢的智者,不喜欢亲近那些遇到点点困难就绝望而退缩的胆小鬼。在人生的道路上,没有一个人是没有遇到过困难与挫折的,简单来说,没有困难的人生不是完整的人生。因此,我们不如用微笑来挑战困难吧!

张海迪这个名字大家都应该听说过吧!张海迪谈到了死亡时,如果自己撰写自己的墓志铭,她会写些什么呢?海迪说,会这么写:这里躺着一个不屈的海迪,一个美丽的海迪。快乐是很难的,我们常常为了短暂的快乐,愁苦经年,张海迪更难。张海迪看上去很快乐,哪怕是在最痛的时候,她也能做出一副灿烂的笑脸。但张海迪说,从来没有一件让她真正快乐的事。

张海迪现在的身份是作家,但写作是痛苦的,她得了大面积的褥疮,骨头都露出来了,但她还在写。她做过几次手术,手术是痛苦的,她的鼻癌是在没有麻醉的情况下实施手术的,她清晰地感觉到刀把自己的鼻腔打开,针从自己皮肤穿过。第一次听说自己得了癌症,她甚至感到欣喜——终于可以解脱了。张海迪说:我最大的快乐是死亡。但是,她却活了下来。她是一位多病的残疾人,天天被病魔折磨着,但她并没有绝望,

做个内心强大的人

并没有想不开而去自尽。她努力为国家做出贡献,在医院躺着的时候,还在写作,为什么她能这样?哦!因为她对于她的处境和生活并没有绝望,她清楚的知道这个世界上没有绝望的处境。

当然,有乐观开朗的人,也有对生活失去信心、绝望的人,报纸上总有人想不开而跳楼的消息。人生是一次漫长的旅行,有平坦的大道,也有崎岖的小路,有灿烂的鲜花,也有密布的荆棘。生命的丰厚奖赏远在旅途的终点,我们应该在压力下奋起,在逆境中突破,在拼搏中享受成功的喜悦!生活永远是充满希望的。因为世上没有绝望的处境,只有对处境绝望的人。

在这个世界上,没有爬不上的山,没有过不了的河,再大的困难总有解决的方法。用冷静和乐观的心来面对困难,总能找到一个让你坚持不懈的理由。每一个人的命运都没有绝望的处境,只要你勇敢去面对、挑战它,成功往往就在绝境的拐弯处。

04 思想光明,人生必定光明

我们每个人都随身携带一种看不见的法宝——"积极心态",而它的另一面写着"消极心态"。一个积极心态的人并不否认消极因素的存在,他只是学会了不让自己沉溺其中。一个积极心态者常能心存光明远景,即使身陷困境,也能以愉悦和创造的态度走出困境,迎向光明。在人的本性中,有一种倾向:我们把自己想象成什么样子,就真的会成为什么样子。

有这样一个故事:一个老婆婆依靠两个儿子的苦力维持生计,大儿子晒盐、二儿子卖伞。若大儿子能晒更多的盐,二儿子就不能卖更多的伞;雨天二儿子生意好了,大儿子就不能晒盐!老婆婆整天为两个儿子不能同时赚钱而烦恼。有人建议老婆婆换个角度看待问题:晴天,大儿子能晒更多的盐;雨天,二儿子可以卖更多的伞。这样一来,老婆婆果然心情好多了,不再为两个儿子的营生闲操心了。这个故事给我们的启示是:任何事物都有两个不同方面,处理问题只看重一面而忽视另一面,都会得出与事实相悖的结论。如果思维沉溺在事物不好的一面,既无益于问题的解决,也影响情绪,甚至可以导致思想消沉、远离多彩的生活,成为怨天忧人、抱怨社会的边缘人。

就业艰难、住房紧张、股份跌停……许多事情我们无法改变,好心情也要被这些无法改变的事情一扫而空吗?别人可以偷走你的金钱,可以破坏你的地位,可以践踏你的尊严,但永远扼杀不了你那颗各级乐观的心,活就要活得精彩!

在我们碰到棘手的问题时,必须先静下来、勿冲动行事。既然木已成舟,请以美好的姿态去面对一切。当你不能立竿见影地解决问题时,请试着改变你面对问题的心情。我们常常以为是一件事情引发了我们的某种情绪,但美国心理学家埃利斯认为,是我们内心的想法或者说心态决定了我们的情绪。所以,不要把你的一切情绪都归于现在的事件、现在的人、现在的关系。表面上是这些因素决定了你的爱恨情仇以及种种情绪,事实上,导致你负面情绪的罪魁祸首是你内心对事情的想法和观点,而这是完全可以用积极的心态去改变的。从这个意义上说,我们完全有能力左右自己的心情。

如果你因为失败而灰心丧气,其实那是成功女神对你毅力的一次考验;总结经验和教训,重拾勇气和自信也一定会垫起你未来成功的高度。郁闷的心情只会让你更加失败,而坦然的心情则能让你接近成功。

如果你因为失去而黯然神伤,那是因为你一直习惯拥有、害怕失去,拥有的越多就会越快乐,而失去就会痛苦不堪。的确,失去会带来疼痛,但更多的时候,正是因为失去,才让你得到更多。而有所得必有所失,同样有所失也必有所得,所谓"失之东隅,收之桑榆"。人生本无所谓得失,

做个内心强大的人

你心情的好与坏，全在于你自己内心的想法。

如果你因为过去的灾难而痛苦万分，这本无可厚非，问题在于即便你痛苦到老，昨天的事情也无法改变。事情既然已经过去，就让痛苦的心情也一起随同事情埋葬在过去吧。不要浪费过多的时间和心情在过去那些令你郁闷的事情上，因为生活还要继续！

如果你因为遭遇不公而郁闷，你不得不承认生活本身就存在着不公平。有人说："人生如打牌，而不似下棋。"下棋是公平的，棋子一样多，棋盘共同用，条件相同，起跑线一致，机会均等，就看谁的棋艺高。而打牌是不公平的，除了抓牌的数量一样，牌的好坏却有着千差万别。人生也是这样，我们不能控制自己的牌好还是坏，但是我们可以控制自己打牌时的心情。好心情会让你的牌技发挥得更好，结果也许是你拿了一手烂牌却赢了这一局！

05　把握已经拥有的，成为心灵的富人

世间有许多东西我们都想拥有，但拥有了，却又不懂得珍惜，只能让它白白逝去。也只有失去了，才会懂得去珍惜，但一切都晚了。我们拥有的东西中，最重要的还是亲人、健康、快乐。其他什么没了都不重要，重要的是你还有关心你的人，还有自己身体的健康与快乐。

智者不为自己没有的悲伤而活，却为自己拥有的欢喜而活。当一切逝去时，不要悲伤、忧虑，想想看，其实你已经拥有了许多。快乐、健康、自我，难道这些还不能让你满足吗？

1928年，纽约股市崩盘，美国一家大公司的老板忧心忡忡地回到家里。

"你怎么了？亲爱的！"妻子笑容可掬地问道。

"完了！完了！我被法院宣告破产了，家里所有的财产明天就要被法院查封了。"他说完便伤心地低头饮泣。妻子这时柔声问道："你的身体也被查封了吗？"

"没有！"他不解地抬起头来。

"那么，我这个做妻子的也被查封了吗？"

"没有！"他拭去了眼角的泪，无助地望了妻子一眼。

"那孩子们呢？"

"他们还小，跟这档子事根本无关呀！"

"既然如此，那么怎么能说家里所有的财产都要被查卦呢？你还有一个支持你的妻子以及一群有希望的孩子，而且你有丰富的经验，还拥有上天赐予的健康的身体和灵活的头脑。至于丢掉的财富，就当是过去白忙一场算了！以后还可以再赚回来的，不是吗？"三年后，他的公司发展为《财富》杂志评选的五大企业之一。

在你感到沮丧的时候，请列出一张详细的生命资产表——你有没有完好的双手双脚？有没有一个会思考的大脑和健康的身体？有没有亲人、朋友、伴侣、孩子？有没有某方面的知识和特长？把注意力放在你所拥有的，而不是没有的或是失去的部分，你将会发现，原来自己已经够幸福了！

许多人很少去想自己所有的，却经常想到自己所没有的。除了那些我们尚未得到的之外，已经拥有的一切，统统变得微不足道，毫不重要了。就因为总是想着那些自己所没有的，于是，变得很不快乐，心心念念地想着、盼着，完全忘记已经拥有的一切有多丰富。

直到有一天，失去了原本拥有而视为当然的那些东西之后，才恍然大悟，那有多么宝贵。譬如健康，譬如平安，譬如自由，譬如……好好检视一下现在所拥有的，会赫然发现自己原来是这般的富有。

在人生许多时候，不管我们遭受何种痛苦，只要把注意力转移到另一

做个内心强大的人

个人的痛苦或喜悦之上时,自身的痛苦会减轻。在医院里,常看到相互安慰,彼此鼓励的病人,一个自己走路都不稳当的人,却有能力去扶持另一个人,只因那个人比他更虚弱。当我们在照顾病人的时候,常常分外坚强,因为,我们知道自己被需要。

人的快乐与不快乐,全在于懂得珍惜还是不知感激。懂得珍惜的人,觉得自己拥有好多、好幸福。总认为自己有的不够多,总看见别人碗里的青菜豆腐,看不见自己碗里的大鱼大肉。何不从现在起,就在此刻给自己一点时间,好好检视一下自己所拥有的,或许会惊讶地发现,自己原来是这么的富有。世界上最快乐、最幸福的人,是那些懂得惜福的人。

曾听一位名人说过他小时候母亲一直告诫他:"不要去想没拿到的东西,多想想自己手里所拥有的。"

在人生道路上,与其费时、费力去想那些自己没有的,不如好好掌握你已经拥有的。别只顾着想要更多,结果连原来有的也失去了。更何况,有、无、多、少和贫、富,本无一定标准,全在于我们的主观认定,世界上有捧着金饭碗的穷人,天天为财务烦心,但也有孑然一身,空无一物的富人。只要你自己觉得满足,你就是世界上最富有的人。

06 把握自己,走上平坦的人生之路

在现实生活中,有些人习惯以自我为中心,总把自己看得太重,而偏偏又把别人看得太轻。总以为自己博学多才,满腹经纶,一心想干大事,创大业;总以为别人这也不行,那也不行,唯独自己最行。一旦失败,就会牢骚满腹,觉得自己怀才不遇。自认怀才不遇的人,往往看不到别人的优秀;愤世嫉俗的人,往往看不到世界的精彩。把自己看得太重的人,心理容易失衡,个性往往脆弱却盛气凌人,容易变得孤立无援,停滞不前。

把自己看得太重的人,常常使人生表现得难以理智:总以为自己了不起,不是凡间俗胎,恰似神仙降临,高高在上,盛气凌人;总以为自己是个能工巧匠,别人不行,唯有自己最行;总以为自己工作成绩最大,记功评奖应该放到自己头上,稍不遂意,骂爹骂娘……

把自己看得太重的人,容易使自己心理失衡,个性脆弱,意志薄弱;容易使自己独断骄横,跋扈傲慢,停滞不前。

看轻自己,是一种风度,是一种境界,是一种修养。把自己看轻,它需要淡泊的志向,旷达的胸怀,冷静的思索。

善于把自己看轻的人,总把自己看成普通的人,处处尊重别人;总觉得群众是最好的老师,自己始终是个小学生;即使自己贡献最大,也不居功自傲;处处委曲求全,为人谦虚和谐。

把自己看轻,绝非一般人所能做到。它是光明磊落的心灵折射,它是无私心灵的反映,它是正直、坦诚心灵的流露。

把自己看轻,绝不是鄙视自己,也不是压抑自己;绝不是埋没自己,也不是去说违心的话,不是要去做违心的事。

相反,它能使你更加清醒地认识自己,对待自己,不以物喜,不以己悲。

20世纪美国著名小说家和剧作家,布思·塔金顿在一次参加红十字会举办的艺术家作品展览会。会上,一个小女孩让布思·塔金顿让他签名,布思·塔金顿欣然接受了,他想,自己这么有名了!但当小女孩看到他签的名字不是自己崇拜的明星时,小女孩当场就把布思·塔金顿的留言和名字擦得一干二净。布思·塔金顿当时很受打击,那一刻,他所有的自负和骄傲瞬间化为泡影。从此以后,他开始时时刻刻地告诫自己:无论自己多么出色,都别太把自己当回事!

名人尚且如此,何况我们这些平凡之辈?或许,你所听到的那些夸赞你的话语,只不过是这场游戏中需要的一句台词而已。等游戏结束,你应

做个内心强大的人

该马上清醒,摆正自己。我们应该知道,我们只不过是在扮演生活中的一个角色罢了。曲终人散后,卸下所有的妆,你会发现剩下的只有满身的疲倦,所有的掌声、鲜花、微笑都只不过是游戏中必备的道具。

为人处世,不妨看轻自己,生活中就会多几分快乐。

在生活中,我们要学会看清自己;在家庭中,不妨看轻自己,不要把自己当成"一言九鼎"的家长,才能更好地与孩子沟通,与爱人和谐相处。在事业上,即使春风得意,也不妨看轻自己,不要把自己当成众人之上的"楚霸王",这样才能结交更多志同道合的盟友,听取更多有益于事业发展的意见。在朋友圈子里,不妨看轻自己,才能结识到推心置腹的哥们儿,让自己时刻保持清醒的头脑。总之,把自己看轻,才能成为天使,飞越坎坎坷坷,拥有和谐的人生!

现实生活中,有人把自己看重的地方很多,而把自己看轻的地方很少;看重自己的东西很多,而看轻自己的东西很少。

我们是不是太在意自己的感觉?譬如,你走路时不小心摔了一跤,惹得旁人哈哈大笑。当时你一定觉得很尴尬,认为全天下的人都在看着你。但是,如果你试着站在别人的角度考虑一下,就会发现,其实,这事不过是他们生活中的一个插曲而已,有时甚至连插曲都算不上,他们哈哈一笑,一回头也就把这事给忘了。

在匆匆走过的人生路途中,我们不过是路人眼中的一道风景,对于第一次的参与、第一次的失败,完全可以一笑置之,不必过多地纠缠于失落情绪中。你的哭泣只会提醒别人:重新注意到你曾经的失败。你笑了,别人也就忘记了。

有句话是:"20 岁时,我们总想改变别人对我们的看法;40 岁时,我们顾虑别人对我们的想法;60 岁时,才发现别人根本就没有想到我们。"这并非消极,而是一种人生哲学。不妨学会看轻你自己,轻装上阵,没有负担地踏上漫漫征程,你的人生路途或许会更通坦。

一个自以为很有才华的人，一直得不到重用，为此，他愁肠百结，异常苦闷。有一天，他去问上帝："命运为什么对我如此不公?"上帝听了沉默不语，只是捡起一颗不起眼的小石子，并把它扔到乱石堆中。上帝说："你去找回我刚才扔掉的那个石子。"结果，这个人翻遍了乱石堆，却无获而返。这时候，上帝又取下了自己手上的戒指，然后以同样的方式扔到了乱石堆中，让他去找。结果，这一次他很快便找到那枚闪闪发光的戒指。上帝虽然没有再说什么，他一下醒悟了：当自己还只不过是一颗石子而不是块金光闪闪的金子时，就永远不要抱怨命运对自己不公平。

有许多人都有和这位年轻人一样的心理，觉得自己是这个单位、这个部门里最重要的人物，这里缺了自己就不行，就好像地球离开他就不转动了一样。因为自己很重要，所以其他人必须以他为中心，围绕着他。转其实，不是这么回事，地球离了谁都照常转动不误。

要正视社会现实，社会上的每个人都有其各自的欲望与需求，也都有其权利与义务，这就难免会出现矛盾，不可能人人如愿。这就要求人人正视客观现实，学会礼尚往来，在必要时做出点让步。当然，应该承认自我的权利与欲望的满足，但也不能只顾自己，忽视他人的存在。

从自我的圈子中跳出来，多设身处地地替其他人想想，以求理解他人。并学会尊重、关心、帮助他人，这样才可获得别人的回报，从中也可体验人生的价值与幸福。

加强自我修养，充分认识到自我中心意识的不现实性与不合理性及危害性。学会控制自我的欲望与言行。把自我利益的满足置身于合情合理、不损害他人的可行的基础之上。做到把关心分点给他人，把公心留点给自己。

35

07　失败——成功的踏脚石

我们在工作时,不可能事事一帆风顺,也不可能要求每个人都对我们笑脸相迎。很多时候,我们也会被他人误解,甚至被嘲笑,被轻蔑。这时,如果我们不能善于控制自己的情绪,就会造成人际关系的不和谐,对自己的生活和工作都将带来很大的影响。所以,当我们遇到意外的沟通情景时,就要学会用幽默的力量控制自己的情绪,因为轻易发怒只会造成反效果。

胜利与失败是相互依存、相互转化的。一时的失意并不代表最终的结果。每个人都程度不同地经受过失败,品尝过苦涩的失败之果。没人统计过失败与成功、与胜利的比例关系。但基本可以肯定地说,失败一定不少于成功和胜利。也许就是因为这样的理由,产生了许多关于失败认识论,或叫失败观。有的人把失败看成是匆匆往来的过客,自然地面对着;有的人把失败看成是一种耻辱,认为只要败了就一切都完了;有的人把失败看成是一定条件下的必然结果,不管什么人都败不可免……那么,那些历经失败而最终走向成功的人们是怎样看待失败的呢?

历史上和现实中气度恢宏、心胸博大的人都能做到有事断然、无事超然、得意淡然、失意泰然。正如一位诗人所说:忧伤来了又去了,唯我内心平静常在。

松下电器的总经理山下俊彦在谈到失败时曾这样说:"要使每个人在松下工作感到有意义,就必须让每个人都有艰难感。如果仅仅工作不出差错,平平安安无所事事,那就毫无意义。艰难的工作容易失败,但让人感到充实。我认为即使工作失败了,也不算白交学费。因为失败可以激发人们再去奋斗。"

山下从1948年到1954年，曾经脱离松下公司到一个小灯泡厂工作。当时山下的顶头上司谷村博藏（其后当上了松下副经理，是山下的同乡），也是脱离松下单干的，山下是跟着谷村去的。山下回忆说："我当时是糊里糊涂进松下公司的。所以谷村一劝说，没有多考虑就辞掉了松下的工作。""我是个怯弱的老实人！是极平常的职员。"然而谷村的公司没干上两三年就垮了，谷村回到松下。山下没回去，转到另外一个灯泡厂。对于怯弱的人来讲，已经离开的地方，是不情愿再回去的。山下在那个小工厂里，从制造、销售到当经理都是他一个人说了算。山下回顾说："那里的生活是充实的。当时真想在那里干一辈子。"假如是这样，今天松下就没有山下经理了。在山下脱离松下的第六年，谷村希望山下回到松下与菲利浦联合企业。当时该公司正在开发电子设备产品，急需中层管理人才。

山下确实是个老实人，他几次回绝谷村的招聘。不过，他最终没能按自己的意志坚持下去，他被谷村说服了，重新回到了松下。

从此，山下变了，他从一个老实脆弱的人变成一个不屈不挠的人，这是经受挫折与痛苦之后磨练出来的。

谷村当时在与菲利浦公司联营的松下电子厂。山下被拉去后，曾当过电子管理部长、零件厂厂长。他把菲利浦公司的经营管理方法学到手，其后又出任西部电气常务。过了四年，他升任冷冻机事业部长。这中间他吃过许多苦，他后来回忆说："西部电器、冷冻机事业部时代的经验，对我来讲实在珍贵。当时，几次陷入困境，硬着头皮埋头苦干，总算自己感到扬眉吐气了。那正是我三四十岁阶段，做了超越自己能力的工作。"

对于当时所受的困苦，山下认为是锻炼。他告诉我们，不要担心失败，这不算白交学费。他说："困难并不是坏事，是对希望的挑战。工作中克服困难的过程可以培育人材，也会有发展。单纯追求利润是没有什么意义的，困难的工作带来的好处是产生兴奋，刺激大伙更好地协同合作，

做个内心强大的人

而且也能让工作人员明白自己的地位和责任。"

山下之所以能如此讲,是与他三四十岁时所经历的曲折道路有关。如前所述,山下在当空调机事业部长时,吃过一次大败仗。那一年,山下的空调机事业部年产量从 10 万台增长到 50 万台。可是没想到遇上一个冷夏的气候,真是意外打击。对此惨状,山下非但没有叹气,反而亲自举办盛大宴会,激励职工重新大干。

中国明朝学者崔后渠曾有句名言:"得意澹然,失意泰然"。意思是说,在人生得意或某件事情得以圆满解决的时候,不要那么兴致勃勃,而要努力保持谨慎、冷静的态度;而在失意、落魄的时候,决不伤心气馁,乱了方寸。

当然,做到这样是相当困难的,但是山下却实践了这句名言。他说:"人在失败的时候,反而能产生忍耐力和克服困难的勇气,要反省自己的错误,弄清楚问题的症结。与其说失败可怕,莫如说是在其相反的时候——顺境更危险。一旦被提拔、晋升,官架子就摆起来了,失败也就孕育其中了,从我的经验看,被提升的人有一半以上都是在一帆风顺的时候出现问题的。"

胜利和失败,乍看起来差异很大,一个趋向积极,产生欢乐和喜悦;一个趋向消极,诱生悲苦和忧愁。但它们在本质上是互相依存、互相转化的,是一个统一体的两个方面。

一个人如果只能享受成功时的得意,不能忍受失败时的失意,允许其情绪控制其行动的人,只能在生活中成为一个弱者。

08 心情愉快,让人生充满光彩

驱除忧虑的最好办法,就是经常怀着一种愉快的心情,而不是总去纠缠生活中的不幸与丑恶。

美国著名作家马克·吐温说过:"忧愁是伤人的病菌。它会吞噬你的优势,而留下一个像废品一样的垃圾。"

一个把大量精力耗费在无谓烦恼上的人,是不能充分发挥自己固有的能力的。世界上能够摧残人的活力、阻碍人的志向、减低人的能力的东西,莫过于烦忧这一毒素。

一个叫乔治·布朗的人,虽然他已经成了大商人,每年都有上百万元的收入,他却经常情绪不稳,心里总提防着周围的人,包括自己的助手和家人,于是心里就产生了很多莫名其妙的忧愁,十分痛苦。有一天,他的一位好朋友真诚地对他说:"乔治,相信人比怀疑一个人更让人心绪安宁。"这句话,深深打动了乔治,他这样做了,从相信这位朋友开始,他发现自己的忧愁每天都在减少。

圣诞节前夕,甘布士欲前往纽约。妻子在为他订票时,车票已经卖光了。但售票员说,只有万分之一的机会可能会有人临时退票。甘布士听到这一情况,马上开始收拾出差要用的行李。妻子不解地问:"既然已没有车票了,你还收拾行李干什么?"他说:"我去碰一碰运气,如果没有人退票,就等于我拎着行李去车站散步而已。"等到开车前三分钟,终于有一位女士因孩子生病退票,他登上了去纽约的火车。在纽约他给太太打了个电话,他说:"我甘布士会成功,就因为我是个抓住了万分之一机会的笨蛋,因为我凡事从好处着想。别人以为我是傻瓜,其实这正是我与别人不同的地方。"

拎着行李去散步,抓住万分之一的机会。多么积极的心态!多么平和的心态!

从不抱怨命运,总是找快乐、找希望、找机会,这就是美国百货业巨子甘布士作为成功者的品格。

烦忧能败坏人的健康,摧残人的精力,损害人的创造力,它使很多本

39

做个内心强大的人

来可以大有作为的人最终平凡庸碌。

你可曾听说人们能够从烦忧中得到丝毫的好处吗？它可曾帮助过任何人改善他们的生活吗？难道不就是这个恶魔随时随地都在损害人们的健康、摧残人们的活力、降低人们的工作效率、使人们的生活陷入不幸之中吗？

一个人在心绪不定的情形下工作，效率自然不会高。人的各种精神机能，一定要在丝毫不受牵制时才能发挥出最高的能力。因于烦忧的头脑，尽管仍在思考，但往往不清楚、不敏捷、不合逻辑。在脑细胞受到烦忧的毒害时，脑部的思考力自然不可能像在毫无烦恼忧虑时那样集中。

良好的胃口、充足的睡眠、清爽的神志，都是可以减少烦忧的妙方。体力强健的人，烦忧偷袭的机会也比较少。而在体质衰弱的人的生命中，烦忧最易侵入与滋长。

当你觉察到恐惧、烦忧的思想侵入你的心中时，你必须立刻让心中充满各种希望、自信、勇敢与愉快的思想，不要坐视这些剥夺你幸福的敌人在你的心中盘踞起来，要立刻把那群魔鬼驱逐出你的心灵。

消除这种烦忧心理危机的办法是利用你潜意识的力量，用乐观的思想代替悲观，以镇定代替不安，用愉快代替烦恼。

世上本无事，庸人自扰之。生命的过程就如同一次旅行，假如把每一个阶段的成败得失时时都扛在肩上，今后的路还怎么走？学会宽容、豁达，控制自己的情绪，保持乐观的态度，以忍耐代替绝望，问题就不会过度放大，我们就能够正视和承受那一切。向前看，再开始，当你守住你的悲伤时，幸福便停泊在别处了，而当你拥抱快乐的时候，不幸就消失得无影无踪。每一个人的成功都需要有效地控制自己的情绪，其秘诀就在于懂得怎样控制痛苦或快乐这股力量，而不是被这股力量所控制。如果你能做到这一点，你就能掌握住自己的人生。

为你的"旧包袱"举行一场葬礼，将它埋葬，与过去说再见，跟往事分别吧！这样，你将在今后的人生旅程中轻装上阵，生活会更加轻松、有质量。

09　自我肯定，开启成功之门

诗人、作家歌德说："人的一生中最重要的就是要树立远大的目标，并且以足够的才能和坚强的忍耐力来实现它。"

我们几乎随处都能见到这样的人，他们一生都做着简单而又平常的事，他们似乎也因此就满足了，但事实上他们完全有能力做一些更复杂的事，他们不相信自己能胜任。

假如人类没有创造世界和改进自身条件的雄心壮志，世界将会处在多么混沌的状态啊！

和为了实现雄心壮志而进行的持续努力相比，没有什么东西可以如此的坚定人们的意志。它引导人们的思想进入更高的境界，把更加美好的事物带进人们的生命。

有什么比追寻生命价值更高尚的理想吗？在不同的文明下，人们的理想也不同。一个人或一个国家的理想与其现实条件和未来发展潜力是息息相关的。

每个人身上都有最优秀而独特的地方，这份优秀只属于你自己。而一个人成功与否，取决于他能否发现自己的优势，并全力将它发挥出来。只有了解自身的优势，最大限度地发挥自身的专长，才能让你登上人生的绚丽舞台。

我们要通过正确的评价自己来发现自己的长处、肯定自己的能力。自我评价的方向和内容对人自身有很大的关系，只看自己的缺点好像千百遍地听人说"你这不行，你那不行，不准干这，不准干那……"但从来不

做个内心强大的人

知道自己哪儿行、不知道要干什么,这种情景是令人非常绝望的。然而,如果自我评价的方向是正面的、自我肯定的,能够准确发现自己有长处有优势,自己不仅会由此产生积极的情感体验,同时将更有可能发展出好的行为,产生良好的结果。

因此,让我们大声地告诉自己:"我能行!"

永远相信自己,无论你拥有怎样的雄心壮志,都要集中精力为之努力,而不要左顾右盼、意志不坚。不要给自己留畏缩的退路,一心一意为了理想而奋斗。只有集中精力才能获得自己想要的成功。

在人的一生当中,总会遇到各种困难与挫折,在这种情况下,要勇敢地对自己说声"我能行"。

每个人都渴望成功,但是在成功路上总会充满荆棘,如果你放弃,那么你永远不会成功;如果你不断地坚持,告诉自己能行,总有一天你会得到成功。

卡耐基说:"要想成功,必须具备的条件是:以欲望提升自己,以毅力磨平高山,以及相信自己一定会成功。"永远相信自己,假如你真的能做到,那么你离成功已经不远了。

假若你的动力足够大,那么与之匹配的能力也将随之而至。在你面前如果有十分有吸引力的奖品在激励着你,那么,你一定可以变得更加敏捷,更加细致而勤奋,更加机智而思虑周全,而且会有更加稳健清晰的头脑,你也一定会获得更好的判断力和预见力。

每个人都有巨大的潜能,只是有的人潜能已苏醒,有的人潜能却还在沉睡中。任何成功者都不是天生的,成功的关键在于开发出了无穷无尽的潜能。只要你能持有积极的心态去开发自我的潜能,就会有用不完的能量,你的能力就会越用越强,你离成功也就会近在咫尺了。反之,假如你抱着消极的心态,不去开发自己的潜能,任它沉睡,那你就只能自叹命运不公了。

曾有一个农夫在高山之巅的鹰巢里捉到一只小鹰,他把小鹰带回家中,养在鸡笼里面。这只小鹰与鸡一起啄食、嬉闹和休息,它认为自己也是一只鸡。这只鹰渐渐长大了,羽翼也丰满了,主人想把它训练成猎鹰,可是,因终日与鸡混在一起,它已变得与鸡完全一样了,根本没有飞的能力了。农夫试了各种各样的办法,都毫无效果,最后把它带到了山顶上,一把将它扔了下去。这只鹰,像一块石头似的,直掉下去,慌乱之中它拼命地扑打着翅膀,就这样,它终于飞了起来。

或许你会说:"我已懂你的意思了。但是,它本来就是鹰,不是鸡,它才能够飞翔。而我,或许原本就是一个平凡的人,我从来没有期望过自己能做出什么了不起的事情来。"这正是问题的所在——你从来没有期望过自己做出什么了不起的事来,你只把自己钉在自我期望的范围内。

事实上,开启成功之门的钥匙,必须由你自己亲自来锻造,而这正是释放你的潜能、唤醒你的潜能的过程。

第三章

享受过程,开创不平凡的人生

人生就如同一场比赛,你无法预测结果,却可以把握过程。对可以把握的部分,不需要犹豫;对任何已经获得的或尚未获得的部分,并不一定是最终的结局。我们手中所拥有的,所多出来的,其实就是这样一段迷茫徘徊和而又奋斗不止的过程,这里并没有任何输赢成败的标准,有的只是人生不平凡的经历!

做个内心强大的人

01　享受今天的快乐

过去——永远的停止。

未来——犹豫的接近。

现在——快如轻风转瞬即逝。

人生最宝贵的就是时间。在这一段灿烂的日子里,要做的只有两件事,第一,得到你想要的;第二,得到之后去享受它。

每一天,当第一缕晨曦为你醒来,你就不该再有昨日的哀伤与戳败,因为新的世界已为你开启。

每一晚,当最后一抹黑暗融入你的心间,伤痛、哀怜与失败包围着你,你就不能再言痛苦与放弃,因为人只要活着就该有勇气去承受这生活的砺炼。

好好去爱,去生活。青春如此短暂,不要叹老。偶尔可以停下来休息,但是不要四处张望。专心走你认为对的那条路,走了就别回头看。不要把生命浪费在后悔上。

人生之事,不如意者十有八九。我们永远无法控制每一件事情,比如生老病死、挫折失败、股市的涨跌、海啸地震,以及各种不幸的降临等等,但是我们永远可以选择自己的心情。

人生短暂,时间总是不经意间从我们指间溜走,我们的事情好像总是不如意、总也做不完,暂且停下忙碌的脚步吧,整理一下心情,相信我们会处理好更多的事情。

生活因为有了无耐与苦涩,才会有洒脱与快乐的弥足可贵;人性因为有了原初的自我,才会有心灵的相犀与刻骨的挚爱。失败了请不要颓丧,成功了也不要迷茫,人,要学着去成熟与内敛情感。生活的强者,往往最

第三章 享受过程，开创不平凡的人生

是心灵世界的弱者，因为他把坚强与信赖都给了世人，让懦弱与放纵的情感不再失控，而自已却要把最无助的情感深藏心底，这便是运筹于帷幄而决胜于千里。

快乐它不像粮食可以储藏，更不像美酒越沉越香，我要享受今天的快乐，我要用笑声来感染别人，我要成功，我要快乐，我要微笑。

朋友，擦干你的眼泪，让生命微笑。只有人类才会笑。树木受伤时会流"血"，禽兽痛苦和饥饿时会哭嚎哀鸣，然而，只有人才具备笑的天赋，可以随时开怀大笑。

有位作家曾写道："我要用笑声点缀今天，我要用歌声照亮黑夜；我不再苦苦寻觅快乐，我要在繁忙的工作中忘记悲伤；我要享受今天的快乐，它不像粮食可以贮藏，更不似美酒越来越香。我不是为将来而活，今天播种今天收获。"

笑声中，一切都显露本色。你笑自已的失败，它们将化为梦的云彩；你笑自己的成功，它们回复本来的面目；你笑邪恶，它们远你而去；你笑善良，它们发扬光大。你要用你的笑容感染别人，虽然你的目的自私，但这确是成功之道，因为皱起眉头会让别人弃你而去。教师的微笑使学生们感受到亲切；商人的微笑能带来客户的合作；母亲的微笑能让孩子乖顺；爱人的微笑能使对方温暖。微笑的人，拥有微笑的世界。真的，你一微笑，生活就笑了！

生命总是美丽的，不是苦恼多而是我们的胸怀不过宽阔；不是幸福太少而是我们不懂得如何珍惜；忧愁时就写一首诗，快乐时就唱一首歌。世上种种到头来都会成为过去，身心俱疲时安慰自己一切都会过去的。

现在我要用笑声点缀今天，我要用歌声照亮黑夜，我不在苦苦寻觅快乐，我要在繁忙的工作当中忘记悲伤。我不是为了将来而活，今天播种今天的收获，没有坎坷的人生不一定是壮美的人生。

笑话是快乐的起点，假话是美丽的谎言，闲话是生活的体验。工作的

做个内心强大的人

失败也许会使你明净的双眸拒染上几多哀尘,只有笑声和欢乐中才能享受到劳动的果实!

02 走好自己的路,营造美好人生

艾青曾说过这样一句话:"人间没有永恒的夜晚,世界没有永恒的冬天。"是的,所有的困难最后都能被化解。

有这样一个故事:几个学生问心理学家:"心态会对一个人造成怎样的影响?"心理学家微微一笑,把他们带进一个黑屋子,在他的引导下,学生们很快穿过这个房间。然后,心理学家打开灯,在昏黄黯淡的灯光下,学生们看见房间的地面是一个很深很大的水池,池子里有很多凶恶的大鲨鱼,紧贴着水面的,是一座摇摇晃晃的浮桥。他们刚才就是从这座桥上走过来的。

心理学家问:"现在,谁敢再次走过这座桥呢?"你肯定已经猜到了,没有人敢再走过这座桥。

心理学家走近水池,敲着鲨鱼的脑袋"咯咯"作响,原来里边是一些树脂做的假鲨鱼。他说:"现在我可以回答你们的问题了,这座桥本来不难走,但桥下的鲨鱼对你们造成了心理威慑,于是,你们失去了平静的心态。没有灯时,你们是专心于路,亮开灯后,你们是专心于困难。心态对行为当然有很大的影响啊!"

是的,如果你专心于路,时时处处想着的是如何克服困难往前走,你走起来就会轻松,而你的脑袋里总是想这困难,那么你就会感觉成功的可能性越来越渺茫,从而可能会因为畏难心理而不敢去尝试。

可现实生活中,许多人的思路却恰恰相反。他们在做事情之前总是对自己说:这事困难度太大,我不行;那事压力重重,可能做不到。因为害怕,他们不去尝试,不敢尝试,他们便永远做不到。或者即使不得不去做,也做得战战兢兢,顾虑重重,结果本来可以做好的事情也做不好了,这便成了恶性循环。所以你会发现,在你身边许多才华横溢的人却总是默默无闻,一些不那么聪明的人反而成就了大业,他们的区别不在于能力,而在于心态。

其实,事情并没有你想象的那么糟糕,最重要的,并不是你最后的成绩,而是你能不能相信自己。相信自己,就是一种最大的成功。

把心态调整好,你就成功了一半。在此基础上,你再专心于路,一点儿一点儿的克服困难接近目标,总有一天你会取得成功的。

好好想想吧,最优秀的人就是你自己,面对困难,只要充满自信,勇往直前,一定能做得更好!

所有的困难最后都能被化解,关键在于你是否勇敢坚持,不被脚下的荆棘缠绕。莎士比亚曾说过"斧头虽小,但多次砍劈,终能将一棵坚硬的大树砍倒"。专心于脚下的路,你的步伐必然会迈得坚定。给自己定一个目标,即使没实现,你为之付出的努力本身也会让你受益终生。

生活中有五彩缤纷的颜色,其中最为绚丽的叫做永不绝望。当我们身处逆境时,千万不要忧郁沮丧。当困难来临时,我们要有勇气直面困难,以顽强的意志战胜困难。

逆境不可避免,谁能逃避逆境的眷顾,就意味着失去了选择成长和成功的契机。每个人的一生中都有一粒种子,它的萌芽需要勇气、信心及创造力,同时更需要逆境的阻力。

在芸芸众生中,我们每个人都是一粒看似微不足道的种子,当我们在某个不期而至的瞬间降临到人世上时,你除了不断地挑战生活,其他的选择都显得索然无味。也许你是一个幸运儿,天生拥有一个优良的生活环境;也许你抱怨命运的不公,要在艰难的条件下创造自己的生活。但在你呱呱坠地的那一刻,就已经是挑战另一个逆境的开始,是你尽快走向另一

做个内心强大的人

片天地的一个台阶。

还记得那首歌吗？"不经历风雨,怎能见彩虹,没有人能随随便便成功。"在成功的道路上,专心于路,不要太专注于路上的困难,坚强地走下去,你就会幸福地牵着成功的手,品味这来之不易的幸福。坚强地走下去,看着脚下的路,勇敢地向前……

让我们每个人认真走好自己的路,专心经营自己的幸福,每个人都会拥有多彩的人生。

03　珍惜每一分钟,把成功握在自己手里

想象一下存在这样一个银行,每天早晨在你的账户中存入 86400 美元。与此同时,这家奇怪的银行不会每天将结余累积起来:每天晚上都会将你没有花费的余额抹掉。每天的结余是不能取出来的。

我们每个人都有这样的银行,它的名字就是时间,每天早晨这个银行就会在你的账户中存入 86400 秒。每天晚上这个银行就会清理你的账户,表明你有多少时间没有加以利用。

这个银行不会将每天的结余存起来,也不允许透支,如果一天内不将余额用完,你将会遭受损失,你不可能倒退。

人生最不该浪费的东西是时间。人生一世,草木一秋,不管是谁,生命都只能经历一次,没有从头再来的机会,所以既宝贵又短暂的时间是不可以随便地占用和浪费的。对人而言,时间就是命运;为什么在相同的时间之内,人生的道路如此截然不同？人的命运竟会出现如此天壤之别？

问题的根本在于人们对于人生的掌控、对时间的利用。无数事实证明:要想改变自己的命运,必须先掌控好自己的时间,充分发挥和利用自己的每一分钟,让每一分钟时间都实现价值的最大化。

这里给你提个好的建议:将时间更好地花在健康、幸福和取得成功方面。

中国古谚说得好:"一寸光阴一寸金,寸金难买寸光阴。"许多成功人士对时间几乎到了吝啬的程度;并且他们在怎样利用时间问题上,都有一个共同的特点:绝不轻易放过哪怕仅仅一分钟的时间!

一个人之所以效率不高,总是浪费自己的时间,完全是因为他对自己的时间到底值多少钱,一概不知。那么,你的时间到底值多少钱呢?

打个比方:假如你今年的预计目标是赚得120万,那你一个月至少应该赚10万。假如一个月中,你的工作日只有25天,并且每天平均工作8小时,那么通过简单的计算,你就会知道自己每月的工作时间为200小时,也就是说为了实现自己的目标,你就需要在200小时赚够10万。折算下来,你必须1小时赚500元,即每1分钟赚833元。

也就是说,每当你浪费了1分钟,那么你就失去了833元;每当你浪费了1个小时,你就会失去500元;2个小时,则失去1000元……以此类推,这些失去的时间和它们所代表的价值将一去不复返。

总而言之,一个雄心满怀、希望在事业上有所作为的人,必须用全新的角度看待生命中的点滴时间,牢牢把握生命中的每一分钟,充分发挥它的价值,让有限生命中的每一刻都绽放出成功的喜悦。

广州市公汽联营公司双层巴士司机秦超,在行车的途中突然心脏病发作,在生命的最后一分钟里,他做了三件事:把车缓缓地停在路边,并用生命的最后力气拉下了手动刹车闸;将发动机熄火,确保了车和乘客的安全;把车门打开,让乘客安全地下了车。他用尽自己全身的力气,终于做完了这三件事后才趴在方向盘上停止了呼吸。短短的一分钟,平日里几乎没有人能感受到它的存在,但是对于这位普通的司机而言,却是脉搏跳动的最后60秒,而正是这短暂的一分钟,挽救了许多人的生命。

要理解一个月的价值,就去问问操劳的母亲吧。

做个内心强大的人

要理解一个星期的价值,就去问问周刊的编辑吧。

要理解一个小时的价值,就去问问等待的恋人们吧。

要理解一分钟的价值,就去问问地铁刚好坐过站的人吧。

要理解一秒钟的价值,就去问问刚刚躲过事故的人吧。

要理解十分之一秒钟的价值,就去问问奥林匹克运动会上得了银牌的人吧。

时钟的指针一直在走着。所以,珍惜你所拥有的一个又一个的瞬间。然后,把今天当做是最大的礼物吧。

曾国藩曾经说过:"天可补,海可填,南山可移。日月既往,不可复追。"让我们每一个人都倍加珍视自己仅有的一次生命,珍惜自己生命里的点滴时间,让每一分钟在我们手中都散发出金子般的光芒。

04 认真度过每一天

古时候杞国有个人总是担心天会塌下来,地会崩裂开,自己无处安身,愁得整天吃不下饭,睡不着觉,忧心忡忡,惶惶不可终日。故事中的杞人表现出的就是一种忧虑情绪,总在担心不可能发生的事情。

有一句话是这样说的:"你所担心的事情,从来不会发生"。虽然这句话有些夸张,但却很灵验,在平日我们可以尝试着去试验看看,这句话很容易就可以得到验证。这是一句乐观的话,当你在为了预期而烦恼担心,可以用这句话安慰自己。

我们永远也不知道将会发生什么事,车祸、心脏病发作、愤怒……甚至是世界末日也是可能的。让我们面对它,尽管我们都想活到一百岁,但并不总会发生那样的事,总有一天会是我们的最后一天。

重要的是好好度过每一天。确保你关心的人都知道这一点,不要担

第三章 享受过程，开创不平凡的人生

心小事情，只要保证时间花在做你喜欢做的事情就可以了。

有时候，当你穿好短裤正准备去海滩的时候，天就要下雨了；当你到达第一个球洞正准备发球的时候，乌云密布了。事情并不总是如你所愿的方向进展。

你控制不了的事就不要强求，学会忍受发生的事情。你不能改变过去，但是你可以改变处理事情的方式。

我们要学会三件事：充分享受此时此刻的生活；接受现实，即使事情未如你所愿；幸福就在这里，如果你现在就停止抵抗现实，并开始接受它。

生有快乐，也有悲伤。快乐源于幸福，悲伤则源于烦恼。人的一生会有许多波折，决不可能一帆风顺，总会有各种不同的烦恼缠身，在这些烦恼面前，如何才能使自己更快乐呢？

有这样一个故事：有一个小和尚，每天清晨负责清扫寺庙院子的树叶。在凉风的清晨扫落叶，确实是一件苦差事。尤其是在秋冬天，每当刮风时，树叶总随风飘扬，落得满院都是，扫起来特费劲。每天早晨需要花大量的体力和时间才可以完成任务，这让小和尚头痛不已。于是，他就想方设法使自己轻松些。庙里另一个和尚提了一个建议说："你在清扫之前，先用力摇树，让树叶统统落下来，树叶就不会满天飞，你以后就不需要那么辛苦扫落叶了。"小和尚认为言之有理，于是他就照做了。第二天，他一大早起床，用力摇树，一片片树叶飒飒往下落，然后把树叶扫光。小和尚自以为得意，那一整天，他都兴高采烈。第三天，小和尚神采奕奕地来到院子，不禁傻了眼，院子如同往日一样落叶满地，小和尚百思不解。

世间有许多事是无法提前知道的，只有认真地干下去，才是真正的生活态度。其实，在我们身边有超过百分之九十的烦恼是不是必须的，那仅仅只是人的猜测。小和尚今天的事还没完成，就想明天的事，想到明天可能出现的烦恼，岂不是自讨没趣？每个人每一天都会有不同的烦恼。明天有烦恼，你今天是无法解决的。唯有不要预测明天的烦恼，才能使自己

53

做个内心强大的人

更加快乐。如果为了还没发生的事,或是不会发生的事而烦恼,那是不值得的。

我们要相信未来一定会美好,这样活着才会有希望,但我们也要知道,在美丽的结果背后总是长满了荆棘,幸福并不是凭空捏造的美梦,幸福是由许多苦难所堆栈而成的城堡。

丘吉尔在二战期间每天工作长达 18 个小时,有人问他是否感到忧虑,他回答说:"我太忙了,根本没有工夫去发愁。"当我们全身心投入工作和生活时,就无暇忧虑了。努力去完成自己所担负的社会职责,并抓紧时间努力学习,不断充电,强化自我应变能力,对当前和未来情况就能从容应对、游刃有余,忧虑自然会烟消云散。

05　享受过程,人生必定成功

说到人生的各种现象,不管苦乐、成败、得失、生死,乃至善恶、好坏、荣辱、有无,这都是人生在某一时刻、某一阶段、某一过程的结果;一个过程的结束,也就是另一个过程的开始,我们不要刻意去关注某一结果,而要去关注事情的过程,在生活、工作中,去享受人生的过程,比如登山,站在山顶"一览众山小"固然辉煌,然而你能永远站在山顶吗?所以,登山的快乐在于登山的过程,在于享受登山的艰辛和下山艰难。人生无常,我们应该理性而有智能的看待人生的各种现象,不以物喜,不以己悲,澹泊明志,宁静致远。快乐过好每一天,充分享受人生的每一个过程。

充实的人生是有苦有乐的。有的人觉得人生很苦,感觉不到人生的意味。没有艰苦的奋斗,有怎能体会快乐的成功,因此也体会不出人生的意义。

合理的人生是有成有败的,世间没有常胜将军。不管成败,都有一定的因果关系,成有成的原因,败有败的理由,成败都是一时的。所以,不以一时的成败论英雄,也不要因一时的成功而志得意满,更不能为了一时的失败而灰心丧志;认清有成有败的人生是合理的,就能胜不骄、败不馁。

公平的人生有得有失。不管消极悲观或积极乐观的看待得失,有得有失的人生是公平的;所谓"失之东隅,收之桑榆""塞翁失马,焉知非福"。有时候"因小失大、乐极生悲",所以得失并非绝对的。

自然的人生有生有死的。人,有生必然有死,生死是自然的因果循环。五千年来,有多少人被称呼为万岁。然而,有人能活到百岁就非常不容易了,因为生和死是自然的现象,所以我们不必因为生而欢喜,也无须为死而悲哀。要能以自然的心情来看待生死,才能解脱自在。

享受人生就要珍惜人生,珍惜当下,每一秒钟都不要浪费。因为人生苦短,每一秒钟都是可贵的。许多人认为享受人生就是吃、喝、玩、乐,那是错误的。人生还有责任和义务,应该要好好把握和珍惜我们短暂的人生。因此,懂得把握我们所拥有的时间、环境条件,好好的运用它,发挥最高效用,那才是真正懂得享受人生的人。

可惜很多人是在忧虑、悔恨和骄傲之中过日子;或是活在幻想和回忆之中,沉醉在过去的丰功伟业中,缅怀自己曾经如何如何,做过什么事,在什么地方得意过。

珍惜时间并不等于拼命工作,而是需要完成工作的时候就全力以赴,该用头脑思考的时候就用心规划,需要休息的时候还是要休息,该放松时就放松,恰到好处的安排好。

人生中有很多分歧点,需要自己去抉择,一旦做了决定,就永远也无法知道当初没有放弃的那条路接下来会是怎样的?

既然自己无法去阻止这一切的变化,那又何必执着于其中呢?每个人走的每一步路,都有它的意义存在,只是时候未到,自己无法体验出个中道理罢了。

做个内心强大的人

总会抱怨自己的运气为何不能顺遂一点,一直虚掷光阴?有人很平顺,有人很坎坷,有人庸庸碌碌,有人处心积虑,每个人都有他自己的一条路,只是看自己要怎么去走它罢了!

让我们回想一下自己的已经成为过去的生活。为了上小学而上幼儿园,为了上中学而上小学,为了升入高中而拼命努力的读初中,最后为了进入大学而拼命的读高中,进入象牙塔以后的生活呢?有的人沉迷于网络,找不到人生的目标;与此同时有的自认为幸运的人找到了自己的人生目标,找到了职业理想。那么以后呢?有目标的人,那些自以为很幸运的人,确实也很幸运的得到了理想的工作,又要为什么而拼命呢?为了升职,等到你也升职了,想要的有钱生活也有了,那么接下来呢?一直如此知道入土为安?那么人来到这个世界上到底得到了什么?就是一直不停的在为自己找目标,然后努力,然后得到,然后再找目标……

要学会享受生活,享受每一个目标制定的过程,享受每一个朝目标努力的过程,享受每一个目标达成的过程,享受每一个回想目标的过程。享受这一切。人生就是一个过程,享受人生不需要什么能力不能力的,享受人生就是享受一个过程,因为没有人可能得到想要的一切。

06　宠辱不惊,成功和你相伴

人要有一点不为宠辱所动,不被得失所拘的大气。一时的得失荣辱虽不能都轻松的全看作过眼烟云,但比较而言,一时的荣辱得失无论如何比不上该做必做的事重要,人总是要往前走的,只有做好当下该做必做的事情才是往前走。

老子曾经说过:"鱼不可脱于渊,国之利器不可以示人。"这是老子对众人的一个"得意时不要忘形"的忠告,说的是让人们在得势之后一定要居安思危,存在一定的隐患之心,才能让自己的"得意"的更长久。

炎炎夏日,蚊虫肆虐,人们对此深恶痛绝。它们虽不易灭绝,但却容易捕杀,原因很简单,它们时常得意忘形,把自己推上死路。

如果仔细观察就会发现,有些蚊子在吸食人畜的血液时,在没有受到惊扰的情况下,它会一个劲地吸起来没完,直到飞不动或勉强飞往一处自认为安全的地方休息,安于享受成功。此时它们吃饱喝足的身体已变得迟钝,完全忽视了危险的存在,而这正是它们接近死亡的时刻,若现在想杀死它,已无须奋力拍打,只需轻轻一按,它们便一命呜呼。

蚊子的死是罪有应得,但它给我们的启示却是深刻的:一个人经历千辛万苦换来成功的甘果时,是手捧观之得意洋洋,还是保持冷静视之为过去,重新设定新的目标,并加倍努力实现之。选择前者,就选择了和蚊子一样的命运;选择后者,成功的甘甜将会始终伴随左右。

"得意时不忘形,"在现实中更多地表现为懂得居安思危。其实,居安思危的道理人人晓得,但真正做起来,就没有几个人能贯彻始终了。人在安逸的环境中,总以为苦难远在天边;人在得意时,总认为快乐可以长久,其实,一时的得意并不能说明自己以后便高枕无忧,否则那就大错特错了。

有能力的人能干大事,同样,有能力的人也最容易骄傲。骄傲可以使人过高地估量自己,进而在力不从心的事情上失败。成功永远是相对的,在成功之时,危机并不是被永远消灭了,而是潜藏起来了。看不到这些隐患,高枕无忧地大肆行乐,隐患便会悄悄增长,直到有一天浮出水面。促使成功的奋斗精神和积极力量一旦消退,导致失败的各种要素就要强劲反弹,把成功化为乌有了。

同样,在面对失败,也能坦然处之,泰之若素,才能在最短的时间内改正自己,调整自己,寻找到正确的道路。

失败作为一种事态的结局,对人的影响是非常大的。而那些伟大的

做个内心强大的人

科学家,在经历了无数次失败以后,依然不放弃对科学真理的追求,想必对失败有了更深层次的认识。心理学家在谈及科学家的失败时说:"对于他们来说,失败就是成功的先期经历,这是每一项科学研究必须经历的。"

失败并不可怕,可怕的是找不到应对失败的方法。成功人士的共同特点就是:能够从失败中得到正确的效益。有许多有成就的人,开始做什么事都无法成功,经常失败,然而他们毫不气馁,从失败中汲取教训,最后终于成功。

亨利·福特曾经说:"失败能提供给你以更聪明的方式获取再次出发的机会。"是的,没有永远的失败,只有暂时的困难。在大千世界里,没有人从未遇到过失败。伟大的牛顿、爱因斯坦、法拉第、诺贝尔、莎士比亚、贝多芬等等,这一连串的名字都曾经与失败相连在一起,何况是我们这些普通人。从某种意义上来说,失败是人生走向成功的一个步骤,我们都必须经历。成功学家拿破仑·希尔曾经说:"一个成功的人,最擅长做的事情就是探讨失败。探讨失败的原因,就是找到成功的方法。"

对一个真正有志向的人来说,失败算什么,失败是成功之母;挫折算什么,挫折是课堂。跌倒了,爬起来,掸掉身上的灰尘,擦掉身上的血迹,疗愈心底的创伤,继续向着自己的既定目标矢志不渝地前进,当终于胜利攀上生命的顶峰时一定会发现:头顶上的天是那样的蓝,那样的阔,那样的深邃无边。

07 享受工作,生活充满幸福

生活不都是轰轰烈烈,那只是对少数人生命的诠释,我们的生活是真实的,也是平凡的,平凡的生活中存在着很多平凡的感动。用心去体验生命的历程,让感动贯穿于我们的一生,这样的生命过程才拥有真正的

第三章 享受过程，开创不平凡的人生

生活。

生活中，我们经常会听到周围有人抱怨生活很郁闷，亦或是活得很疲累。繁忙的都市生活给大多数现代人带来了太多的压力，快节奏的生活方式使他们忙于奔波。其实，生活中有很多美好的东西值得你细细品味。有时候即使只是一件很小的事情也可能给你带来快乐，关键是要用心感受生活。只要用心去感受生活，你会发现原来生活中还有这么多令人快乐的事情。

生活就是这样，需要我们用心来感受它的一点一滴的美好。幸福是无形的，但又是无处不在的，最重要的是你如何去发现它的存在。懂得享受生活乐趣的人，他们从哪怕是一点点的小事中都能获得快乐。也许是因为他们拥有一颗感恩的心吧，感谢生活带给他们的一切，知足常乐；也许是因为他们拥有一颗善良的心吧，乐于帮助别人并因此而获得快乐，助人为乐；也许是因为他们拥有一颗细腻的心，善于发现生活的美好，自得其乐。

用心生活，就要努力工作，专心做事，就要像狮子扑兔子，要全力以赴，更要像小鸟筑巢时的那般细心和负责。用心做事的人像是从事一门艺术，他们能看到生活中最美好的风景。

一名农夫在偏远的农村待了一辈子，从来没有离开过那片土地。当一位记者去采访他，问到他一辈子都住在这种恶劣的环境中，而没有离开过大山，是否感到遗憾时。他回答说："没有遗憾，我每天都感觉到很快乐！"

生活要用心灵去感受，更要用包容，豁达的心情看待生活，即使我们处于生命的低谷，也会觉察到人生的美好与幸福。

生活中的一切，不论是苦难与芬芳，不论是烦恼还是快乐都有其存在的理由，我们都无法回避，无法挑选。有句话说："有时候命运让我们不能选择，但是我们可以选择的是人生的态度——不向命运屈服。"用心对待，

59

做个内心强大的人

只有这样我们才能真正体会到人生的美好。

生活中有很多人对于工作的感觉千篇一律是"单调、枯燥无味、辛苦"等等,只有极少数的人谈到他们的工作时神采飞扬,他们会自豪的告诉你,他们的工作速度如何之快,超过了目标的多少,任务完成又达到什么样的新水平。那种快乐溢于言表,他们是享受到了工作的乐趣。然而我们又要怎样才能享受到工作的乐趣呢?这关系到大家对自己的工作兴趣培养的问题。在我们绝大多数员工乃至管理层中,普遍存在着一种这样的观念,认为自己的工作"不得不做,非做不可"才去做的,完全处于一种被动状态,导致大家对自己的工作显得十分乏味、枯燥。如果我们都以这种心态去工作,怎能领悟到其中的乐趣呢?

我们要用这种观点对待工作:从事一项工作,不如喜欢这项工作;喜欢这项工作,不如享受这项工作。这句话在实践中会让你感觉到其深刻的道理。喜欢工作、享受工作与痛苦工作、被迫工作,其道理相当于自愿锻炼身体与被动劳作的差异效果。用付出的体力来衡量两者可能差不多,但是心情愉悦程度却大相径庭。因为其前提一个是"自愿",一个是"被动",自然也就产生两种心情,一为享受,一为付出。

有人就幸福和痛苦说过这样一番话:什么是幸福? 幸福是一种感觉,自己感到幸福就会很幸福;什么是痛苦? 痛苦就是有空闲的时间去琢磨自己是不是幸福。这话真的很富有哲理。倾心忙于工作,作为一种享受,就会感到很知足,就很少有时间去想东想西,烦恼自然也会少了许多。"工作并快乐着"的感觉估计很多人都有,也许刚开始工作的时候不习惯,总感觉有好多事情要做,一天下来,累的身子像垮了一样。但当你在工作上取得成就的时候,就会感到欣慰,这种欣慰是发自内心的,让你深切地感觉到工作带给你的意义。工作,让你感到多么的快乐。

工作着是美丽的,工作着是快乐的。19 世纪英国哲学家克雷尔说:"在工作本身找到乐趣的人有福了,因为他不必再求其他的福祉了。"

但是为了能够获得愉悦的工作环境和工作体验,为了能够使自己幸福的工作,我们还是应该对自己的工作目的有一个理性的审视。

一个人在社会上工作,最基本的目的就是要获得维持生存和生活的基本生活资料。这是工作最根本的目的。然而,工作也是我们的生活,我们不能把工作的实际从我们的生活中转移到另一个空间,所以,我们要用热忱的心态去对待工作。

有时候我们总感觉工作是多么的枯燥,多么的乏味,做稍许就很疲惫,总是埋怨工作的好坏,从而也阻碍了成功的步伐。如果你工作之余敞开心扉多思考一些工作的乐趣,给工作注入生命,你将会轻松自如。

一个人对工作所具有的心态,就是他人生的部分表现。一生的职业,就是他志向的表示、理想的所在。如果一个人只是为了薪水去工作,那就代表他是不忠于生活的。工作是我们生活的一部分,我们要在工作中享受生活的乐趣。

世界上不存在永远让你 high 的工作。任何的工作最终都会归于一种平淡,就像生活给我们的感觉一样。你要想做好并享受你的工作,就必须接受这种平淡,而且从这种平淡中享受它带给你的乐趣。

人活着必须要工作。只有工作才能为社会创造财富;只有工作才能获取谋生手段;只有在工作中,人才能磨练自己,发展自己。但工作不是生活的全部,生活不是为了工作,而工作是为了生活。如果仅为工作而生活,那我们人就成了异化的对象。正确的人生态度应是:工作时工作,生活时生活,并以享受生活而非拼命工作作为人生的目标。

我们平时在工作的时候,大脑总是处于一种紧张、亢奋的状态,一个工作结束,另一个马上接替上来,周而复始,身体机器超负荷运转,来不及调整,最终以崩溃作为代价。

于是,很多人的工作、生活理念正在悄然发生变化:渴望在工作之余找到一片能使身心放松、压力缓解的"绿洲"。其实,在工作的同时你也

61

做个内心强大的人

可以享受到它的快乐,可以让自己过得轻松愉快。

有张有弛,像音乐一样有节奏感,才会让工作变成悦心的事情,完成后才会有成就感。工作总是无止境的,调整自己的心态很重要,不要把工作当成自己唯一的生活重心,否则心很快就会疲惫,兴趣很快就会消失,如果想到工作后还有上网、听歌、聚会、聊侃,多姿多彩,你会充满希望,轻松应对。在这种放松的状态中,你也许还会思路大开。

放慢脚步,紧张中找些悠闲,保护自己的身心健康,才是最重要的。

因此,无论你平时工作多忙,都不要把自己逼得太紧,也不要活得太累,要有张有弛,这样生活工作才相得益彰。

愿意的人命运领着走,不愿意的人命运拖着走,智者与命运结伴而行。别把生活和工作当作沉重的负担,如果你仔细聆听,上面布满了幸福的音符。

用心感受生活,就会多一份享受,少一份抱怨;多一些快乐,少一些烦恼;多一些成功,少一些失败。

08　压力,让生命更加多彩

一帆风顺的人生犹如没有波涛的死水,平静却没有活力。生活犹如大海,需要承受各方面的压力,只有接受并直面压力,生活之海才能在与压力的抗争中激出美丽的水花,展现绚美与多彩。

"人生不如意事,十有八九。"人生到处充满了挫折、伤痛、苦难甚至是绝望。诗人聂鲁达说:人生是一场历险,在一定意义上,也可以说人生是一场苦难。人生之帆随时都有遭遇风险的可能。

强者能在人生海洋中自由航行,到达彼岸,而畏惧风险的懦夫,永远只能躲在宁静的港湾,欣赏别人的乘风破浪。在人生的旅途中,风险将不期而至,我们必须有大无畏的精神,镇定以对,而不是让灾难吓倒自己。而且,这同样是你锤炼自己的机会。"任凭风吹浪打,我自岿然不动。"这是成就大事者处事的风度。以勇士的精神面对危险,以骆驼般的忍耐来担负压力,从危险中发现机会,并采取有效的行动,以摆脱险境。

能够正确面对压力,通过积极的努力,化压力为动力,这样才能活得精彩的人生。

亨利·福特在年轻的时候曾有过这样一段经历:他在一所普通大学毕业后到处奔波求职,一次次的应聘失败并没有让他丧失信心。为了获得一间安静、宽敞的实验室,福特和妻子数移其居,吃尽了搬迁之苦。短短的几年,夫妇俩到底搬过几次家连他们自己也说不清了。每一次搬迁带给他们的都有新的收获,因为贫困和挫折不仅铸造了福特夫妇坚忍不拔的性格,而且使他们更加熟悉了社会,了解了人生,为未来新的冲刺做好了思想和技术的准备。

后来福特终于实现了自己的心愿,爱迪生照明公司决定让他到主发电站负责修理蒸汽引擎。不久,他又因为工作出色,被提升为主管工程师。

成功者都是在压力下成长起来的,面对压力,他们没有退缩,而是勇敢的想办法去克服。

而最终他们在压力下脱颖而出。同样,每个现代人都承受着许许多多的压力,无论你是刚上学的孩子、大学生,还是为人父母者;无论你是普通职员、企业老板、演艺明星还是赋闲在家,早已退休。压力都是促使我们奋发向上或是过早地退出人生舞台的决定性力量,并且在某种程度上可够得上被称作为一种真理的资格。

因此,我们每天每时每刻每分每妙,可以说都不会有脱离压力的真空状态!

当你站在海边高耸的岩石上,肯定会感受到脚底下汹涌的海潮扑面

做个内心强大的人

而来的危险气息。这时候你也肯定已经对自己说了几千几百个小心、小心、再小心。除非早已想自杀,否则一定没人傻呼呼的还在岩石上乱跑乱闹。这就是压力所带给你的感觉,有点恐怖,同样有点奇妙。

适当的压力能使你以积极乐观的态度,在这个必须为了满足越来越高的期望值变得日益复杂的社会中努力工作、生存。

不向压力低头,我们的生命之花才能开放。人的生命犹如一朵花,要经受千般的磨难才能开放,而压力就像一道道犀利的光,可把生命的花蕾烧焦,但如果生命之花能用奋斗的汗水浇灌自己,那生命之花便可在光的照射下绚烂开放,熠熠生辉。不向压力低头,在压力面前,我们要勇敢地前进,要化压力为动力,走向成功的巅峰;如果向压力低头,人便成为压力的奴隶,永远没有成功的可能。不向压力低头,使狄更斯越挫越勇,使他成为英国近代史上唯一可以与莎士比亚媲美的作家,使他的生命之花 在世人心中常开不败。

压力是只纸老虎,只在懦弱的人面前有威力。直面压力,我们可以走得更远,我们的生命可以更充实,我们的生命之花可以更美丽。正确地看待压力,我们会更成功。正所谓"知己知彼,百战百胜",压力是一种抽象的东西,是水中花镜中月。只有看清它的"真面目",我们前进的步伐才不会因它而迟缓,我们拼搏的身躯才不会被它压垮,我们火热的心才不会被它浇灭。看清压力,做好前进的路线图,成功离我们不再遥远。

常言道"天将降大任于斯人也,必将劳其筋骨,苦其心志",压力也是上天赋予我们的财富,因为压力,我们的生命才更完美。若是一株草,就请顶住坚厚土壤的压力,绽放自己的活力;若是一座山,就请顶住地壳的变动,站出自己的高度……勇敢的直面压力,生命之花才能开放。

09 看淡输赢，人生才能辉煌

人生难免成败，做一个人不仅要能赢得起，同时也应输得起。因为胜败实乃兵家常事，也是人生常事。能以客观、平常心去看待这种胜负，不那么计较成败，便可在不顺时拥有良好的心情。才不至于在胜利时冲昏头脑，在失败时耿耿于怀而一蹶不振。

在一次残酷的长跑角逐中，参赛的有几十个人，他们都是从各路高手中选拔出来的。

最后得奖的名额只有3个人，所以竞争格外激烈。

一个选手以一步之差落在了后面，成为第四名。

他受到的责难远比那些成绩更差的选手多。

"真是功亏一篑，跑成这个样子，跟倒数第一有什么区别？"

这就是众人的看法。

这个选手若无其事地说："虽然没有得奖，但是在所有没得到名次的选手中，我名列第一！"

谁说跑第四名跟跑倒数第一没有什么区别！在竞争中，自信的态度，远比名次和奖品更为珍贵。赢得起，也输得起的人，才能够取得大的成就。

如果你不能将输赢看淡，而是格外认真的去计较这一切。结果很有可能会事与愿违。

周谷城先生有一次在接受记者采访时，记者问他："您的养生之道是什么？"他回答说："说了别人不信，我的养生之道就是'不养生'三个字。我从来不考虑养生不养生的，饮食睡眠活动一切听其自然。"他讲得太好了，对比那些吃补药吃出毛病来的，练气功练得走火入魔的，长跑最后猝

65

做个内心强大的人

死的,还有秦始皇汉武帝等追求长生不老之药的,贾家宁国府里炼丹服丹最后把自己药死的……他的话很清楚地说明了糊涂做人的深意。

1996年英国举行的欧洲杯足球锦标赛半决赛,竞争双方分别是德国队和英格兰队。英格兰队状态极佳,又是在家门口比赛,志在必得。德国队当时也处在高峰时期。90分钟内两队踢了个平局,加时又是平局,最后只得点球大战决胜负。英格兰队极兴奋,踢进一个点球球员就表露出兴奋若狂不可一世的架势,而德国队显得很冷静,踢进一个点球也基本上无甚反应。后来,英格兰队输了。一位中国足球评论员说:"英格兰队太想赢了,所以反而输了。"

查斯特·菲尔德说:"一个富足的个性,在生活中能够笑看输赢得失。他们深信自然和自己的潜能足以实现任何梦想,认为一个成功者周围倒下千百个失败者是不成功的,真正有效的成功者,只在自己的成功中追求卓越,而不把成功建立在别人的失败上。"有首禅诗写道:"尽日寻春不见春,芒鞋踏破岭头云。归来都把梅花嗅,春在枝头已十分。"当我们拼命在物质世界中寻求快乐的时候,往往忽略了我们的内心世界——自己的精神家园,而当我们真正静下心来,重新审视自己的时候,却会发现,真正的快乐只来自于自己内心的安详。

人生无论成败,都没有什么值得牢记于心的。糊涂一点,尽快忘记那些过去的不快记忆,才会少一些压力,以后的路才能走的更顺畅。

韩国早期有一位乒乓球运动员李善玉,在国内屡战屡胜。一次代表国家队参加世界锦标赛,临赛前的一天晚上,她承受不住心理压力,用刀将自己的手腕割破,谎称有人行刺她后跑了。结果这件事被查出,成为国际上一大丑闻,为此国家队将她除名。

但在随后的韩国国内比赛中,她又屡屡获胜。为了给她机会,国家队又将她重新召回。在一次国际重大比赛中,她遭遇一名之前从未输过的德国运动员。开始,李善玉连赢两局,第三局对方赶上几分后,李善玉开始动摇了,结果连输三局。外电评论:李善玉没输在技术上,而是输在只想赢不想输的心态上。

李善玉的这一路因赢得起却输不起,走的坎坷崎岖。这便是不能糊涂就不能胜利的代价。

每个人都不必总乞求阳光明媚,暖风习习,要知道,随时都会狂风大作,乱石横飞,无论是哪块石头砸了你,你都应有迎接厄运的气度和胸怀,在打击和挫折面前做个坚强的勇者,跌倒了再重新爬起来,将自己重新整理,以勇者的姿态迎接命运的挑战。

人生苦短,由此我们不难联想到,云南大理白族的三道茶,就是一苦二甜三淡,它象征了人生的三重境界。苦尽才能甜来,随之才有散淡潇洒的人生,才会不屈服于挫折的压力,开创大业,迎来人生的辉煌。

第四章

适应环境，成就成功人生

不能改变环境，就只有适应环境。不能适应环境，就只有被环境淘汰！发牢骚谁都会，环境还是依旧，不能改变什么！所以不能改变这一切的情况下，就只能适应它！站在夹缝里痛苦呻吟是最为失败的人生！

做个内心强大的人

01　良好的习惯，实现理想的动力

　　小时侯，人们常会感情用事，长大成人了，就要用良好的习惯代替一时的冲动，如果必须受习惯支配的话，那就让好习惯支配，那些坏习惯必须戒除。

　　经过多次重复，一种看似复杂的行为就会变的轻而易举，实行起来，就会有无限的乐趣，有了乐趣，出于人之天性，就更乐于长去实行。于是，一种好习惯就诞生了，习惯成自然，既然是好习惯，也就是大家的意愿。

　　习惯是人们在不经意间积累起来的思想行为，它默默无声地生长、发芽、开花、结果。好习惯可以开出芬芳的花朵，长出香甜的果实；坏习惯或许会使花儿枯萎或是果实酸涩。一个人的习惯，在一定意义上反映着一个人的文化教养和精神追求。不同时代、不同民族、不同文化修养的人，在习惯上有很大的不同。

　　好习惯源于自我培养，我们一生中，脑部神经随时都在驱使我们作出相关的动作。这种动作在相同环境下不断重复，便使我们不自觉地产生了习惯。

　　好的习惯人人都想拥有，最主要的问题不是一两次能够去做，而是坚持。对于　个独立的成人来说，习惯的形成大部分需要自己的努力。习惯对于人类生活的重要性，超乎人们的想象。

　　习惯并不意味着僵化，它也可能意味着活力，更意味着秩序和节约。反射作用是自然而然的节省法，为脑神经提供了休息的机会，毕竟还有更重要的工作等着它去做。

　　要养成习惯，假若不用科学的方法，而仅凭一时的意志，那只会使你感觉到累而生厌。习惯有赖于科学方法来支持。我们在习惯中淡忘曾有过的意志和幻想,又在习惯中实现其他的梦想。我们今天做的,就是昨天已经做的。

习惯性的生活会使你感到有十足的精力和良好的生活空间。习惯成自然,自然成人生。在你的生活习惯中,你会使自己的性格、兴趣、爱好、理想都得到体现。

假如你要把一种行为养成自己的习惯,而这种行为对你又是如此的陌生,那么,请你记住:"多做几次就好!"习惯的养成,仅是动作的积累,脑神经指令的重复。这样的行动你做得越多,脑神经所受的刺激与记忆也就越深,你的反应也会更加的熟练,好的习惯便属于你。

但是,习惯也会成为你生活中的暴君。生活方式的不同,自然要求有不同的生活习惯与之相适应。假如说这两者之间发生了深刻的矛盾,我们便说这种习惯是一种坏习惯,是与我们的习惯宗旨相违背的。在这时,我们需要把它摒弃,用另外一种更健康、更有序、更有效的习惯来取而代之。

任何一个人都有自己后天所培养的习惯,而成为与其他人有所不同的个体。可是,有时你必须审查自身所有的习惯是否有益。假若是好习惯,请坚持下去;假如发现你的习惯是不好的,一定要试着改变它。

有时,一个坏的习惯一旦定型,它所产生的后果是难以想象的,习惯这种力量往往是巨大而无形的。当你感觉到它的坏处时,很可能想抵制却已经来不及了。

然而,一个好的习惯也可以产生巨大的力量。假如你反复地重复着一件有益的事,渐渐地你就会喜欢去做。这样一来,所有的困难都显得微不足道了。要知道,习惯的力量可以冲破困难的阻挠,帮助你走上成功的道路。

当你播种一种行为,你就会收获一种习惯;当你播种一种习惯,你就会收获一种性格。

做个内心强大的人

好的习惯主要依赖于人们的自我约束能力,或者说是依靠他人对自我欲望的否定。然而,坏的习惯却像杂草一般,随时随地都会生长,同时它也阻碍了美德之花的成长,使一片美丽的园地变成了杂草丛生的荒地。那些恶劣的习惯一朝播种,往往一生都难以清除。

当一个人年轻时,尽管养成一种坏习惯很容易,但要养成一种好习惯几乎同样容易;而且,就像恶习会在邪恶的行为中变得严重一样,良好的习惯也会在良好的行为中得到巩固与发展。

当你运用这一法则的时候,连同积极心态一起应用,所产生的力量是巨大的,而这就是你思考、致富或实现任何你所希望的事情的根本驱动力。

或许你并没有很好的天赋,但是,一旦你有了好的习惯,它一定会给你带来巨大的收益,很可能会超出你的想象。

02　知足常乐,对生活充满信心

凡事看中结果不一定是坏事,但要是只看想得到结果的那一面肯定不是件好事。曾经一个学油画的女孩告诉过我,搞绘画的人会让人觉得和平常人处世的态度不一样的原因是,因为他们从小在学习绘画的过程中养成了看所有事物都是多角度的,是客观的,不是主观意愿只去看事物自己想要看的一面。

不一定非要像搞绘画的从多个角度看事物,但学会不只看到自己想要看的一面,更主要的是学会看到每个事物的好的一面,有利于自己成长的一面,人活着便不会消极。太忠于看中自己要看结果一面的人,是最容易患得患失的人。倘若结果和预期的有所出入,就会整日愁眉不展,觉得生活了无生趣。

有时候,想做一件事,却迟迟未下定决心,其实就是担心努力过后看不到预期的结果,害怕是一场徒劳,与其这样不如不想不做。实质上,不做永远不知结果,做了虽然只有一个结果,但这个结果可以从很多角度去看它,不论怎样依旧会有所收获。

学会看到事物好的一面,也许换一种说法应该是把握好积极进取和知足常乐这个平衡。

"知足者常乐"。这是人们通常说服别人或说服自己,求得心理平衡的道理,修身养性的原则之一。《老子》也说:"知足之足,常足矣"。大则忧国忧民,感时忧愤;小则忧家忧己,往往都是忧多于喜,要说服别人或说服自己还就得这样想。人往高处走,水往低处流,谁不想生活、工作条件好些,精神安逸些?想归想,未必都能一一满足,在各种理想、愿望,甚至连小小的打算都未能成为现实的时候,你就要学会承认和接受现实,并且不消极、不失望,自己寻找心理平衡。

在这里比较法很管用,即和过去比,和自己比,而不要和高于自己、强于自己的他人比。例如,你总觉得你的收获不如付出的多,那你就应该和付出比你更多,获得比你还少的人比,这样你心里就平衡了。当自己的学业经历多年长进不大时,你应该想想从前的你还没有现在这么有知识,进步不大毕竟有了进步。

"知足者常乐"多数情况不是指物质条件的获得,物欲的满足,不要无限制地追求那些不现实的、得不到的东西。正像卢梭所说的那样:"人啊,把你的生活限制于你的能力,你就不会再痛苦了"。一切理想都植根于现实这块肥沃的土壤中。人不可物欲太强烈,有了星星,还想要月亮,有了月亮还想要太阳,乃至于恨不得把整个宇宙都抱在怀里。不知足就必然贪心,人一贪心就容易生出许多恶行,不顾廉耻,甚至违法乱纪,贪污受贿,巧取豪夺,最终不但挖了社会墙角,损害他人,也害了自己。

"知足者常乐"这个原则在你忧愁烦恼之时,会让你找到心理平衡,

做个内心强大的人

克服种种不切实际的欲望,特别是物欲。安于现状,知足常乐,但切莫对美好的生活失去信心。

坎坷人生,忧喜参半,酸甜苦辣,五味俱全。也许正因为这样,生活才有滋味,活得才带劲。工农商学兵,五界十三行,三教九流,各色人等,各有各的忧喜。学生为学校是否理想而忧喜;工人为产品积压而忧愁;农民为今年粮食收购不给"白条"而欣喜;文艺家为艺术的低谷而忧虑;教育者为桃李满天下而欣慰;炒金者为股票行情不定而揪心;家庭主妇因蔬菜涨价而叫苦不迭;平民为生计而奔波;总理为国事而操心。忧喜无时无刻不在搅扰着人们,"上帝"最公平,他把忧喜分给了每一个人,只是忧喜的内容和大小不同而已。

不知哪位哲人说过,在生活和工作中不是任何付出都会有回报的。确实如此,有时生活存在明显不公平,不光你自己觉得不公,连周围的民意也认为不公。这时候,千万不可激动,更不能一时冲动,干出无法收拾的傻事来。比如评级长薪,凭你的贡献,你的民意测验,这次的美事就理所当然属于你,但因为只有一个名额,有关方面出于平衡关系或其他考虑,就把美事给了另一个人。在这种情况下,千万要想得开,不能耿耿于怀,忧心忡忡,更不能失去理智。即使从养生之道出发也不必肝火太盛,潇洒地想,一次长薪不就几块钱吗?不能为几块钱闹气叫人看低了自己的人格,看小了自己的风度,自己宽自己的心,自己找乐。

人活着是为自己活着,不重虚名、不重钱财,如此岂不快活哉!

03　正视自己,成为生命的强者

正视自己的生活才会不断对自己提出新的目标和方向。有位哲人说:希望是生命的源泉,没有了希望,生命之树就会枯萎。

第四章 适应环境,成就成功人生

在辽阔的非洲大草原上,当黎明的曙光刚刚划破夜空,一只羚羊从梦中猛然惊醒,

"赶快跑!"它想到,"如果跑慢了,就可能被狮子吃掉。"于是,起身就跑,向着太阳飞奔而去。就在羚羊醒来的同时,一只狮子也醒了,"赶快跑!"他想到,"如果跑慢了,就可能被饿死。"于是,起身就跑,也向着太阳跑去。

一个是自然界兽中之王,一个是食草的羚羊,等级差异,实力悬殊,但面临的是同一个问题:为了生存而奋斗!

生命只有一次,如果你以同样的道理把每次将遇到的冲锋也都当作只有一次机会,胜利就在眼前!正视自己,能大胆的面对自己的失败,这也是种勇气。如果这样的勇气都没有,就真的是败在了自己的手上!战胜不了自己,就永远不会是生活的强者。

你的人生中,你是个强者。

要成为强者,学会正视自己。不能或不敢正视自己的人,充其量也只是生活中的一个懦夫而已。生命只有一次,在这有限的时间内,希望你能成为生活中的强者,工作中的强者。

人都在为了自己的未来而不懈的奋斗着,无论他们怎样看待自己的生活,无论他们怎样面对今天的生活,生活需要的不是施舍而是追求,生命需要的不是恐惧,而是不断的冲刺,是短暂休息之后的勇猛的冲刺,我们需要解脱,我们需要把自己的生活尽情的挥洒在阳光下面,我们是独一无二的,我们是优秀的分子,我们要面对生活,我们要生存下去,我们要把一生的命运在短暂的时光中尽情绽放,我们的激情霎那间变成了金灿灿的果实,我们最终胜出了。

成功,让我们痴迷,未来,让我们追求不懈的前行!

在人生这个大舞台上,上苍赐予每个人的时间、健康、机运、幸福、困苦都是平等的,不同的便是这种赐予的次序不同。

做个内心强大的人

倘若一个人先得到的是困苦,那么通过对命运的不屈而努力,幸福就会在不远处等他;倘若相反,困苦就会在不远处迎接。所以,任何一种悲哀的人生道路都是自己选择的,都没有任何的理由和借口来为你的懒惰开拓。否则,路还会越走越窄!所以,正视自己,正视自己的现状,不要再给自己理由和借口。累,烦,寂寞,失落……每个凡胎俗子都会有,有些人坚持下来了,他便走出了阴霾;有些人妥协放弃甚至给了自己以后重新来过的机会,那么他便一生都生活在自己那些泡沫的希望当中!

生活给予自己的也许是一个又一个令人并不满意的结果,与其一直沉浸在自我沮丧的生活中,不如自己选择一个合适的路走下去,让美好的生活在自己身上从新绽放出火焰,自己需要释放,不是单纯的敲敲打打,需要的是强烈的劲爆的释放,让身上所有的细胞都活动起来,让一切看似不尽人意的细胞都在此得到解脱。

"缘分是上天所赐的;快乐是要自己找的;欢笑是朋友带来的;幸福是靠自己争取的;烦恼是用智慧自解的。"是啊,人生在世,离开了自己的努力,又从何谈起呢?

正视自己,正视生活。俗话说知己知彼,百战百胜。了解自己的所需所想所要追求的目标与理想,才能更好地把握生活,把握冥冥之中似乎已经注定的一切。不再强迫自己去对一切都不在乎,更不再将自己的行为准则强加在别人身上。不再逼自己成为别人希望看到或看到会如何如何的样子。

因为我们的人生就这么一次,仅这么一次!

04　笑,快乐的人生更幸福

普希金的一首诗《假如生活欺骗了你》:

假如生活欺骗了你，

不要忧郁，也不要愤慨！

不顺心时暂且克制自己，

相信吧，快乐之日就会到来。

我们的心儿憧憬着未来，

现今总是令人悲哀：

一切都是暂时的，转瞬即逝，

而那逝去的将变得可爱！

好好想想，你有多久没有给自己放松的机会了呢？你有多久没有让自己真正开心快乐地过一天了呢？

你是否对自己在苛刻了，习惯将错误放在心上，不知不觉导致一种负面情绪产生呢？我们有太多的事去做，太多的错误需要弥补，为了保持平衡，必须给自己一点宽容，接受现实中不完美的一面。应该多这样想："哦，原来每个人都一样嘛！"然后一笑了之。

真的已经好久没有听到自己久违的发自内心的开心的笑声了。

笑给自己听吧，承受了过多压力的自己。无论生活的压力有多大，自己开心才是最重要的，只要能够不伤害到别人就好。

笑给自己听吧，过于追求完美的自己。世上不会有十全十美的事情，即便是圣人也会有不完美的地方，何况是身为凡夫俗子的自己。

笑给自己听，给自己一个宽容自己的理由，让紧绷的神经也找个机会休息一下，让已经疲惫的身心好好地休息一番，让自己在快乐的时间里愉快地接受下一轮的挑战。

笑给自己听，就现在！

或许笑有很多种，哈哈大笑、仰天大笑、咪着眼笑、笑逐颜开……每一种笑都有特点，然而却没有哪一种笑能够像微笑那样地迷人，而能够做到给自己送上微笑便是一种境界。

做个内心强大的人

　　给自己一个微笑,它能让你重唤童真,或者让你更加深沉,胸中的块垒随微笑而逝去,工作的疲惫被微笑洗去,心灵的尘垢用微笑流去,让你的思想升华、沉淀、身心如沐、潇怡通朗。给自己一个微笑,就不会为生活的艰辛而颓废,也不会为生命的无奈而伤感,我们带着微笑,穿过世事的云烟,看着风和日丽中的云卷云舒、花开花谢,原来灰暗的日子也因此绚烂起来、妖娆起来、丰富起来。微笑不是奢侈,倘若一个人吝啬自己的微笑,吝啬于给别人一份心的温暖,那么他也不会得到别人真诚的微笑。不要管别人的微笑是真是假,因为在真诚的面前,虚伪只会显得矫情可笑。成功时,给自己一个微笑,因为这一切都将会过去。

　　失败时,给自己一个微笑,因为这一切也将会过去。

　　微笑是世界上最美好的一个动作,一个微笑可以让人神清气爽;两个微笑可以让人一整天都快乐;三个微笑可以让你一年都幸福。这就是微笑的魔力。微笑往往会给人带来好运,会带给人成功,会带给人幸福。

　　微笑面对自己,微笑面对他人,微笑面对生活,蓄心中之美好,采心中之微笑,珍藏于心,传达于人,生命才会显得充实绚丽,弥足珍贵。给自己一个微笑时,也对他人对自己有很大的鼓舞,给自己一个微笑可以解除很多矛盾,还可以让自己高兴,还可以鼓励自己与他人。当你微笑时,别人可能为你而微笑,俗话说:"笑一笑十年少,愁一愁白了头",每天给自己一个微笑让世界变得更加美好,每天都在快乐幸福中度过,把一切烦恼都抛到九霄云外。

　　微笑是心灵的清洁剂,它能净化人的心灵。每天给自己一个微笑,可以消除昨天遗留的疲劳、倦怠,给自己以信心,让新的一天充满活力;每天给自己一个微笑,可以荡涤昨天的烦恼,排解今天可能遇到的不快,让新的一天阳光明媚;每天给自己一个微笑,可以让学业更好,工作更出色,友谊更纯,爱情更甜,家庭更幸福,你也会更年轻。每天给自己一个微笑,你会在阴霾时看到万里晴空!

只要我们真诚、自信,那么明天,这微笑定会是遍野春光。我相信幸福也就离你不远了!

05　心态乐观,事业必定成功

顺境与逆境就像生活的快乐与痛苦,不过就是漫长生活里的一个个短暂的过程。人的一生中,没有谁会一条直线的走下去,坎坷与挫折也是人生旅途的一道风景,它的色彩是我们自己描上去的。它们才是幸福生活的奠基石。

顺境就是良好的境遇,逆境则相反,都是人成长过程中必然面对的人生境遇。我们都看过《西游记》,西天取经其实最重要的不是取经的结果,而是这一路上克服了困难的这种过程。而在这个过程中,我们看到的不只是遇到困难时的痛苦,还有克服困难时的勇气和信心,以及快乐时的兴奋。

人生不如意事十之八九。因此,大家在身处顺境的时候,也应当做好迎接逆境的准备。只有既能够在顺境中不骄不矜,又能够在逆境中不屈不挠的人才能享受到人生的美丽。顺境,人之所求,却无法有求必应;逆境,人之所畏,却往往不期而遇。注定我们要用良好的心态去面对这些不测。

在近两千年漂泊流离的生活中,犹太人一直处在逆境之中。在这漫长的日子里,一方面,他们把逆境视若寻常事,在此过程中学会了忍耐和等待,坚信一切很快就会过去的,学会了如何在逆境中生存发展的智慧。另一方面,把逆境看作是一种人生挑战,发挥自身潜在的能力,精神抖擞地在逆境中崛起。犹太人把这种智慧运用到商业操作中,就形成了在逆境中发财的生意经。

做个内心强大的人

犹太实业家路德维希·蒙德学生时代曾在海德堡大学与著名的化学家布恩森一起工作,发现了一种从废碱中提炼硫磺的方法。后来他移居到英国,在那里他几经周折才找到一家愿意同他合作开发此技术的公司,结果证明这项技术的经济价值非常高。于是蒙德萌发了开办化工企业的念头。

蒙德买下了一种利用氨水的作用使盐转化为碳酸氢钠的方法,这种方法是他一起参与发明的,但当时还不是很成功。于是蒙德一边买下一块地建造厂房,一边继续实验,以完善这种方法。尽管实验屡屡失败,但蒙德从未放弃,他仍然夜以继日地研究开发。经过反复的实验,他终于解决了技术上的难题。

1874年厂房建成,刚开始生产状况并不理想,成本居高不下。连续几年,企业都处于亏损状态。同时,当地居民担心大型化工企业会破坏生态平衡,也都拒绝与他合作。

犹太人在逆境中坚忍的性格帮助了蒙德,他没有气馁,终于在建厂6年后取得了重大突破,产量增加了3倍,成本也降了下来,产品由每吨亏损5英镑,后变为获利1英镑。当时的英国,工厂普遍实行12小时工作制。蒙德做出了一项重大决定,将工作时间改变为每天8小时。通过这项决定,工人的积极性极度高涨,每天完成的工作量和原来的12小时一样多。

周围居民的态度也发生了转变,争着进他的工厂工作,因为蒙德的企业规定,在这里做工,生活可获得终身保障,并且当父亲退休时,还可以把这份工作传给儿子。

后来,蒙德建立的这家企业成了全世界最大的生产碱的化工企业。

无论是从顺境还是逆境中走过来,心灵始终宽容豁达,不再有顺境逆境之分,心情平和淡然,懂得享受生命的过程,理解得失是生命中必然发生的事,不会因为结果的成败而耿耿于怀。

贝弗里奇说:"人们最好的工作往往是在处于逆境情况下做出的。思想上的压力,甚至肉体上的痛苦都可能成为精神上的兴奋剂。"逆境是人生的十字路口,也是人生的试金石。逆境有时候就像人生的分水岭,跨过它,你就会成功,否则,你还是在逆境的深渊里继续挣扎。

当我们打开一个伟人的一生后,你会惊奇的发现,他们的道路中逆境要远远的多于顺境,但是他们却成了伟大的人。

生活中挫折是在所难免的,重要的不是绝对避免挫折,而是要在挫折面前采取积极进取的态度。

幸福与不幸是事物发展的两个轮子,不幸是幸福之母,是幸福的先导。幸福与不幸,相隔只有一步。即使你认为不幸了,只要有"置之死地而后生"的乐观心态,还是可以战胜逆境的。增强对逆境的承受力,并在挫折与风险中磨炼出坚强的意志力。只有这样,我们才会获得幸福。

做任何事情,无论是顺境逆境,都要保持快乐的心态,我们的生活不可能一帆风顺,总会有意外在等着我们。这时,对自己要充满信心,要始终保持一种乐观情绪,学会给自己解压,在困境中鼓励自己。当逆境出现时,相信自己能够掌握自我命运,能够从逆境中走出去,在善对一个个逆境中获得健康、知识、活力与成功。

人生都有两份履历,一份是逆境或顺境中产生的不幸,一份是逆境或顺境产生的幸福。处顺境时就要乘风直上,更要懂得"惜福";处逆境时也不要放弃自己,只要勇敢的破浪而行,幸福就在我们的脚下!

06 降低标准,让人生充满快乐

在人生的许多大逆转中,许多人之所以败下阵来,甚至从此被打败,都是因为不肯降低标准。而那些就此降低标准,降下身份的人,很快又会

做个内心强大的人

快乐起来。

人往高处走,水往低处流,人生总是向上的,这是人们的认识,也是人生的理念,更是众生的普遍心理。

然而事实上,就是这个"人往高处走"的理念,毁了许多人,坑了许多人。客观地讲,人生一世,是不可能总往高处走的,沉浮起落,坎坷挫折,下坡路的时候是很多的,我们不能不走。这正如《贤愚经》中所说的"常者皆尽,高者必堕。合会有离,生者皆死"。

有钱人变为没钱人,局长降为处长,老板变成小工,昨天的名人沦为今天的无名鼠辈……诸事不如前的现象每个人都经历过。每当这时,往日的标准都会被大打折扣。由此看来,人生不可能总是守在一个高标准上。高标准本身就是一种完美主义的化身,其中包含着对周围事物的苛求和对自己的苛求,结果是自己累垮了,周围人也受不了。

更何况,人生总有不顺的时候,诸如单位不景气,事业陷入困境,家庭遭受变故……跟随而来的便是内在和外界的标准一同降低。如果这时谁还保持一种高标准的心理期待,还是一味地人往高处走,就会遭遇打击,饱尝痛苦,陷入烦恼的境地。于是,这时降低标准,便成为唯一而正确的人生选择。尤其在当今这个充满竞争的社会,"高标准"往往是靠不住的,极易被动摇。学会降低标准,反而成了人们解决人生难题的一把钥匙。

我们所说的降低标准,并不是要你退缩,更不是要你消极,而是一种心理调理和应对。"人生是不确定",外在的事物总在不断地变化,好与坏,顺与不顺,定会接踵而来。不管是在心理上,还是在客观上,过高的标准都会使人时时处处面临着一种高度的威胁。有时候,甚至使人变得灰心丧气,破罐子破摔。

一味地高标准,不但会伤害自己,同时也会伤害别人。现实社会中,许多人之所以不适应新的环境,之所以会痛苦烦恼,就是因为守着一个高标准不放。他们认为自己只能上升,不能下降。因此,高标准在很多时候反而成了极端片面的害人理念。

某公司被兼并了,几百名员工一同下岗,他们一蹶不振,而老李却挽起袖子,到一家小餐馆,做了一名跑堂儿。某企业倒闭了,人们丧气到了极点,老张却在第二天下楼修起了鞋子。老黄是某事业单位的领导,单位解散后,不但官职没了,吃饭也成了问题,他什么也没说,到一家公司做了一个看大门的。

降低标准,不仅要降低生活的标准,还要降低位置,放下架子,不顾面子,甚至还要放弃内心的追求与以往美好的向往。

由此可见,降低标准,是人生的一种快乐良方。只是这种快乐良方,并不是每个人都能接受。但纵观我们的一生,不管你是主动的,还是被动的,降低标准却是随时存在着的。降低自己的身份,降低自己的名誉,降低自己的头衔……正像佛家所说的"放下"二字。我们是否能够放下,同样需要英雄般的气概。

肯不肯降低标准,有时反而成了一个人能否生活下去的必要条件。说严重点,很多人都是病在、倒在、败在、死在了这个环节上。

许多伟人,许多大人物,其实都不是一味守着高标准不放的人,并能在降低标准中完善自己,从头再来。为了能够活得好一些,并时时快乐着,降低标准,有时会是我们最明智的选择。

就生活而言,那些懂得降低标准,肯降低标准的人,有时反而成了生活中的真英雄,不但能渡过难关,还能自得其乐!

07 不耻下问,心胸远大才能成功

听取别人的意见、请教别人,不能太注重对方身份高低,要对事不对

做个内心强大的人

人,只要是好的意见,谁的都可以听听。

罗斯福在任美国总统期间,当他去打猎的时候,便去请教一名猎人,而不是去请教身边的政治家;反之,当他讨论政治问题时,他也绝不会和猎人商议,而是和政治家商议。

有一次,罗斯福和一个牧场工头出外,他看见前面来了一群野鸭,便追过去举起枪来,准备射击。但这时那个工头早已看见在那边树林中还躲着一只狮子,忙举手示意罗斯福不要动,罗斯福眼看野鸭快要到手,于是对那示意不予理睬。结果狮子在树林中听到了响声,便立刻跳了出来,蹿到别处去了。等到罗斯福瞧见了,再赶紧把他的枪口移向狮子时,已经来不及开枪而眼睁睁地看着它逃脱了。牧场工头立刻瞪着愤怒的眼睛,向他大发脾气,骂他是个傻瓜、冒失鬼,最后说:"当我举手示意的时候,就是叫你不要动,你连这点规矩都不懂吗?"

罗斯福面对身份低下的牧场工头,他会怎样应付呢?大发雷霆吗?打他两记耳光吗?不,他是深明"求教原则"的人,绝不会干出那种丧失理智的事情来。他对于那顿责骂,竟然"逆来顺受",并且以后也毫不怀疑地处处对他服从,好像小学生对待老师一般。他深知在打猎问题上,对方确实高他一筹,因此,对方的指教是不会错的。

"各得其所"是做任何事都不变的原则。就拿人格担保来说吧!一个演说家也许可以用人格来担保某人演讲起来一定精彩,但是他没有资格担保某种饮料的品质一定高超。同样地,一个正直的传教士,也许可以保证某人是一个好人,但不能保证某种药品确实有效,否则,他自己固然难免受人蒙骗,就是别人也将因而上当。

所以我们向人求教时,切勿先被一种成见所蒙蔽,以为自己平日对某人的印象极佳,那人说出来的话便一定没有错,这就是失去理智的行为。实际上,你应该先知道对方对于你所问的事情懂不懂、有没有经验才是。美国杂货业大王凡瑞迈可说:"年轻人平时最大的错误,就是对于任何事自己都先存了一种成见,当他们去请教别人时,实际上,并没有存着探索真理或搜求有识者经验的目的。他们最后无非是希望对方对他的意见大加夸奖一番,如果对方给了他一个否定的回答,他往往不区别事情曲直,只是大失所望,最后还是依自己的意思去做。"

如果你也犯了凡瑞迈可所说的这个毛病,那么请你赶快改正过来。你该知道求教于人并非只是使自己心情舒畅,而是要寻出一个正确的结论来。

因此,如果你获得了高你一筹的深谋远见,就该毫不吝惜地把你自己原来的意见抛之脑后。人应该超越自己的成见,以第三者的眼光,把自己和别人的意见,做一最公正的评断,不稍存偏念。

此外,在求教于人时,还有一件最重要的事,就是当对方发表了意见后,必须当机立断——接受或是拒绝。如果觉得有什么不满的地方,也得放在心里,不必说出来。

想想看,如果你对他说:"你不能想出一个别的方法来吗?"那你不是个傻瓜吗?因为对方当然是找自己认为最对的说出来,你要他改变一个方针,就无疑是弃其所长而用其所短,即使他当真转了方向,恐怕结果对你也产生不了丝毫益处。

如果你听了别人的意见而做错了事,切勿怪那说话的人不好,应该责备你自己的判断力不够。因为对方只不过是"提供意见给你",并非"代你负责解决"。

要有心胸,要有远大的眼光与志向,不要争一时之长短,"老鹰有时会比鸡飞得还低"。

08　知足，人生快乐的根本

人都喜欢攀比，与上比就觉得自己处处不如别人，甚至有人说"人比人气死人"。如果与下比呢，你就会觉得满足，满足就是一种幸福的感觉。不要埋怨我们没有鞋子，应庆幸我们有脚。

普拉格在《快乐是严肃的题目》这本书中引述了一个观点，就是人之所以不快乐，就是因为人本身出了问题。问题很简单，只要你把有问题的部分修理好就行了。根据他的看法，不知感恩是造成我们不快乐的一大原因。特别是在布施礼物的"快乐假期"里，他提醒做父母的应该好好教导孩子知道感恩与满足。他认为："如果我们给孩子太多，让他们期望越来越大，就等于把他们快乐的能力给剥夺了。"他认为做父母、做长辈的有责任要求孩子们学会从心里说"谢谢"。

琼斯买得起劳力士手表和名牌服饰，开得起豪华跑车，也能够到私人小岛度假，却坦白承认她没有满足感。

琼斯说："我已经比我梦想的还要富裕，可是我还是感到悲伤、空虚和茫然。钱财居然不等于快乐！我真的不知道什么东西才能带来快乐。"像琼斯那样，为钱奋斗了大半辈子才悟出"有钱不一定快乐"。

知道道理的人不在少数。她如果肯在圣诞假期当中静下心来读读普拉格的这本书，她会感悟出，感恩之心是快乐的秘诀。

知足是快乐的基本要素。心理学家说，佛家早就看出，人类不快乐的最大原因是欲望得不到满足、目标得不到实现；而美国文化培养出来的普拉格则详细区分"欲望"与"期望"，他说虽然欲望也许有碍快乐，却是"美好人生"不可缺少和无法消除的成分；期望则是另一回事，例如，我们期望健康，但得付出代价。

第四章 适应环境,成就成功人生

普拉格举例说,某一天你发现身上长了个瘤,你心怀忐忑找医师检查。一个礼拜后,当听到良性瘤的诊断结果时,你会感到这一天是你一生中最快乐的一天。

快乐来源于满足感。孰不知满足是无快乐可言的。

乔治是伦敦郊区的一位神父。一天,教区医院里一位病人生命垂危,他被请过去主持临终前的忏悔。

他到医院后听到了这样一段话:"我喜欢唱歌,音乐是我的生命,我的愿望是唱遍美国。作为一名黑人,我实现了这个愿望,我没有什么要忏悔的。现在我只想说,感谢您,您让我愉快地度过了一生,并让我用歌声养活了我的6个孩子。现在我的生命就要结束了,但死而无憾。仁慈的神父,现在我只想请您转告我的孩子,让他们做自己喜欢做的事吧,他们的父亲是会为他们骄傲的。"

一个流浪歌手,临终时能说出这样的话,让乔治神父感到非常吃惊,因为这名黑人歌手的所有家当,就是一把吉他。他的工作是每到一处,就把头上的帽子放在地上,开始唱歌。40年来,用他苍凉的西部歌曲,感染他的听众,从而换取那份他应得的报酬。他虽然不是一个腰缠万贯的富豪,可他从不缺少生活中的快乐,因为他有着一颗容易满足的心。

乔治神父在一次演讲中讲到了这件事,他总结道:"原来最有意义的活法就是做自己喜欢做的事,并从中发掘到一颗容易满足的心灵。"

一味地被欲望牵制,不知满足,就这样不知不觉地把自己淘空了,只能换来一世空凉。

一位得知自己即将离开人世的老人,在日记中记下了这段文字:"如果我可以从头活一次,我要尝试更多的错误,我不会再事事追求完美。我情愿多休息,随遇而安,处世糊涂一点,不对将要发生的事处心积虑地计算。可以的话,我会去多旅行,跋山涉水,更危险的地方也不妨去一去。过去的日子,我实在活得太小心,每一分每一秒都不容有失误,太过清醒

做个内心强大的人

明白,太过清醒合理。如果一切可以重新开始,我会什么也不准备就上街,甚至连纸巾也不带一块。如果可以重来,我会赤足走在户外,甚至整夜不眠。还有,我会去游乐园多玩几圈木马,多看几次日出,和公园里的小朋友玩耍……只要人生可以从头开始,但我知道,不可能了。"

老人一生都在角逐名利,机关算尽,斤斤计较,占尽别人的便宜。他的时间都耗费在与那些社会名流打交道上,只知道让他的家人共享他的金钱,却不愿和他们和谐地共度一个美好的夜晚。

他死前才开始明白,他用金钱维系的家庭早已经千疮百孔了,尽管看起来依旧那么的富丽堂皇,他的年轻美貌的妻子常去幽会一个地下情人,他的儿子在他病入膏肓时还流连在赌场不肯出来,他只有靠一篇篇日记来消磨他的最后的时光。医生已被他请走,他要保持"死者的尊严",不想让一个外人看着他可悲地离开;神父他也没有请,健康的时候他从来没去过一次教堂做忏悔,更没施过一块钱。

他是个地地道道、彻头彻尾的商人,活在尔虞我诈的商场,他曾经倾尽全力、亲力亲为,弄得自己心力交瘁。为此,他总是能找到借口自我安慰:"商场如战场,我身不由己呀!"

直到临终一刻老人才彻底觉悟,只剩下空悲切的份了。

在时光的沙漏里,流出去的沙子永远装不回去。奉劝朋友,,用一颗容易满足的心精心装点美好的生活,不可等沙子漏光再追悔莫急。

09 适可而止,中庸的人生最长久

佛教的《金刚经》中有言曰:"法不孤起,仗境方生。道不虚行,遇缘则应。"意思是任何事情都不是孤立的,环境适应了,它就会生长。修道也不是空行的,遇到缘分就能适应。

第四章 适应环境，成就成功人生

"法不孤起,仗境方生。"因为"缘起",因此人生有无限的机会、无限的力量、无限的潜能、无限的意义。可以说,人生就是一个"无限"。但是,我们也不能因为无限,就毫无顾忌,妄肆而为。有的时候,更应该有个"适可而止"的人生。强开的花难美,早熟的果难甜,天地的节气岁令,总有个时序轮换。悬崖要勒马,尸祝不代庖,举凡吾人的行事,也要有个分寸拿捏。《宝王三昧论》也说:"于人不求顺适,人顺适则心必自矜。见利不求沾分,利沾分则痴心亦动。""适可而止"的人生,实在可以作为座右铭的参考。

在生活悲欢离合、喜怒哀乐的起承转合过程中,人应随时随地、恰如其分地选择适合自己的位置。中国人说:"贵在时中!"时就是随时,中就是中和,所谓时中,就是顺时而变,恰到好处。正如孟子所说的:"可以仕则仕,可以止则止,可以久则久,可以速则速。"鉴于人的情感和欲望常常盲目变化的特点,讲究时中,就是要注意适可而止,见好就收。一个聪明的女人懂得适度地打扮自己,一个成熟的男子知道恰当地表现自己。美酒饮到微醉处,好花看到半开时。明人许相卿说:"富贵怕见花开"。此语殊有意味。言已开则谢,适可喜正可惧。做人要有一种自惕惕人的心情,得意时莫忘回头,着手处当留余步。此所谓"知足常足,终身不辱,知止常止,终身不耻。"宋人李若拙因仕海沉浮,作《五知先生传》,谓做人当知时、知难、知命、知退、知足,时人以为智见,反其道而行,结果必适得其反。

君子好名,小人爱利,人一旦为名利驱使,往往身不由己,只知进,不知退。尤其在中国古代的政治生活中,不懂得适可而止,见好便收,无疑是临渊纵马。中国的君王,大多数可与同患,难与处安。所处以做臣下的在大名之下,往往难以久居。故老子早就有言在先:"功名,名遂,身退。"范蠡乘舟浮海,得以终身;文种不听劝告,饮剑自尽。此二人,足以令中国历史臣宦者为戒。不过,人的不幸往往就是"不识庐山真面目。"

89

做个内心强大的人

　　任何人不可能一生总是春风得意。人生最风光、最美妙的往往是最短暂的。俗言道:"花无百日红,人无千日好。"就像搓牌一样,一个人不能总是得手,一副好牌之后往往就是坏牌的开始。所以,见好就收便是最大的赢家。世故如此,人情也是一样。与人相交,不论是同性知己还是异性朋友,都要有适可而止的心情。君子之交淡如水,既可避免势尽人疏、利尽人散的结局,同时友谊也只有在平淡中方能见出真情。越是形影不离的朋友越容易反目为仇。因此,古人告诫说:"受恩深处宜先退,得意浓时便可休。"即使是恩爱夫妻,天长日久的耳鬓厮磨,也会有爱老情衰的一天。北宋词人秦少游所谓"两情若是长久时,又岂在朝朝暮暮",这不只是劳燕两地的分居夫妻之心理安慰,更应为终日厮守的男女情侣之醒世忠告。

　　佛下山游说佛法,在一家店铺里看到一尊释迦牟尼像,青铜所铸,形体逼真,神态安然,佛大悦。若能带回寺里,开启其佛光,济世供奉,真乃一件幸事,可店铺老板要价 5000 元,分文不能少,加上见佛如此钟爱它,更加咬定原价不放。

　　佛回到寺里对众僧谈起此事,众僧很着急,问佛打算以多少钱买下它。佛说:"500 元足矣。"众僧唏嘘不止:"那怎么可能?"佛说:"天理犹存,当有办法,万丈红尘,芸芸众生,欲壑难填,得不偿失啊,我佛慈悲,普度众生,当让他仅仅赚到这 500 元!"

　　"怎样普度他呢?"众僧不解地问。

　　"让他忏悔。"佛笑答。

　　众僧更不解了。佛说:"只管按我的吩咐去做就行了。"

　　第一个弟子下山去店铺里和老板砍价,弟子咬定 4500 元,未果回山。

　　第二天,第二个弟子下山去和老板砍价,咬定 4000 元不放,亦未果回山。

　　就这样,直到最后一个弟子在第九天下山时所给的价已经低到了

200元。眼见着一个个买主一天天下去、一个比一个价给得低,老板很是着急,每一天他都后悔不如以前一天的价格卖给前一个人了,他深深地怨责自己太贪。到第十天时,他在心里说,今天若再有人来,无论给多少钱我也要立即出手。

第十天,佛亲自下山,说要出500元买下它,老板高兴得不得了——竟然反弹到了500元!当即出手,高兴之余另赠佛龛台一具。佛得到了那尊铜像,谢绝了龛台,单掌作揖笑曰:"欲望无边,凡事有度,一切适可而止啊!善哉,善哉……"

古人言:"乐不可极,乐极生悲;欲不可纵,纵欲成灾。"乐极生悲一语中国几乎妇孺皆知,但一般人对它的理解,往往是一个因快乐过度而忘乎所以、头脑发热、动止失矩,结果不慎发生意外,惹祸上身,化喜为悲。凡读过王羲之的《兰亭集序》,大致上可以领悟乐极生悲的含义。在崇山峻岭、茂林修竹的雅致环境里,众贤毕至,高朋会聚,曲水流觞,咏叙幽情,这是何等快乐!王羲之欣然记道:"是日也,天朗气晴,惠风和畅。仰观宇宙之大,俯察品类之盛,所以游目骋怀,足以极视听之娱,信可乐也。"但是,就在"怡然自足。不知老之将至"之时,突然使人产生了万物"修短随化,终期于尽"的悲哀,于是情绪一转:"及其所之既倦,情随事迁,感慨系之矣!向之所欣,俯仰之间,已为陈迹,犹不能不以之兴怀。"这是真正的乐极生悲。类似的心情变化可以在苏东坡的《前赤壁赋》中进一步印证。苏东坡与客泛舟江上,"饮酒乐甚,扣舷而歌",这本来是很快活的,偏偏乐极生悲,"客有吹洞箫者,倚歌而和之",其声偏偏又呜呜然。"如怨如慕,如泣如诉",这八个字真是把一个人由乐转悲之后的难言心境写绝。饮酒本是一件乐事,但多愁善感的人饮酒,往往会见物生情,情到深处反添恨。正如司马迁所说:"酒极则乱,乐极则悲,万事尽然。"

乐极生悲概括地讲,是一个对生命的热爱和留恋而生出的悯然和悲哀,详情而言,是一个人对生活中好花不常开,好景难常在的无奈和怅怀。

做个内心强大的人

人的情绪很难停驻在一种静止的状态,人对世事盛衰兴亡的更替习以为常之后,心境喜怒哀乐的轮回变换也成为了自然,人在纵情寻乐之后,随之而来的往往是莫名其妙的空虚伤怀,推之不去避之不开,因为欢乐和惆怅本来就首尾并列。所以庄子在"欣欣然而乐"之后感叹:"乐未毕也,哀又继之。"人只有在生命的愉悦中才能体会真正的悲哀。所以,真正的丧亲之痛,不在丧亲之时,而在合家欢宴,或睹旧物思亡人的那一瞬间。人在悲中不知悲,痛定思痛是真痛。

所以才有了"适可而止,见好便收"这样的至理名言。这是历代智者的忠告,更是一门处世的艺术。

人生变故,犹如环流,事盛则衰,物极必反。生活既然如此,做人处世就应处处讲究恰当的分寸。过犹不及,不及是大错,太过是大恶,恰到好处的是不偏不倚的中和。基于这种认识,中国人在这方面表现出了高超的处世艺术。中国人常说:"做人不要做绝,说话不要说尽。"廉颇做人太绝,不得不肉袒负荆,登门向蔺相如谢罪。郑伯说话太尽,无奈何掘地及泉,隧而见母。故俗言道:"凡事留一线,日后好见面。"凡事都能留有余地,方可避免走向极端。特别在权衡进退得失的时候,务必注意适可而止,尽量做到见好便收。

第五章

相信自己,事业必定成功

当周围的人都不相信你时,当所有人都对你冷漠以待时,不要沮丧,不要难过,不要陷入失望的境地,这就是生活的一部分,你要相信自己。一个人的成功,往往依靠自信这样一种自我感觉。这种感觉会引你勇往直前,战胜困难取得成功。自信是人格的核心,作为人的发展,自信是步入成功大门的一把钥匙。

做个内心强大的人

01　正确看待自己

每个人的人生际遇是不同的。也许在你的脚下是平坦的金光大道，或是崎岖的山间小径；也许你将成就轰轰烈烈的事业，也许你一生将平平淡淡，但人生的意义，既不在于开端，也不在于结果，而在于过程。

只要带着乐观的人生态度去拼搏，即使不能到达理想的巅峰，我们也能在人生过程中证实自己的价值。当我们回首走过的路，面对曾经奋斗的足迹，我们也可以无怨无悔了。

生命原来是梦想的一架梯子，可以一直延伸到梦想成真的那一刻，只要你永不放弃。

一位青年感到非常困惑，他来到寺庙向一禅师求教。

"大师，有人称赞我是天才，将来必有一番作为；也有人骂我是笨蛋，一辈子不会有多大出息，依您看呢？"

"那你是如何看待你自己的呢？"禅师反问。

青年摇摇头，一脸茫然。

大师说："在我们生活中，同样一斤米，用不同的眼光去看，它的价值迥然不同。在主妇的眼中，它不过做两三碗大米饭而已；在农民看来，它最多值1元钱罢了；再卖粽子的眼里，包扎成粽子后，它可卖出3元钱；在制饼者看来，它能被加工成饼干，可以卖出5元钱；在味精厂家眼中，它可以提炼出味精，卖到8元钱；在制酒商看来，它能酿成酒，勾兑后，卖40元钱。不过，米还是那斤米。"

大师停了停，接着说："同样一个人，有人将你抬的很高，有人把你贬的很低，其实，你就是你。你究竟有多大出息，你自身有多少价值，完全取决于你到底怎样看待自己。"

青年听后，心情豁然开朗。

你自身的价值，不会因别人称赞而增加，也不会因别人贬低而降低，你怎样看自己，你就得到怎样的自己。你自身的价值，完全取决你对自己的看法。只要相信自己，坚定信念，相信自身所蕴涵的能量，勇往直前，那么就一定能闯出一番自己的天地！

有的人认为自己是个微不足道的小人物，不会做什么惊天动地的大事，自己就把自己看轻了，于是就放弃了自己的远大理想自甘认输。

人只要做了自己喜欢做的应该做的事，就没有什么遗憾了。萤火虫发出来的光亮虽小，但能在漆黑的夜晚给人带来一丝光明。篝火尽管不能驱走严寒，但在寒冷的冬天它能给人们带来暖意。人生在世，各有各的境遇，各有各的归宿，既不要羡慕比自己强的、也不要看不起比自己弱的。每个人都有他引以为傲的东西，每个人都有他引以为荣的本领。做人不应该装模做样，希望别人怎样赞许，应该本分自然的生活，自己心里踏踏实实。

有一个寓言故事：一个隐士计划在大河上搭建一座桥，方便人们通行，他请所有的动物来帮忙。大象用它有力的鼻子把巨石推进河，犀牛把沙土顶到河中、猩猩把木头拉到河里去，袋鼠用自己的口袋装土，所有的动物都乐意为造桥贡献自己的力量。

小松鼠在一旁看着大工程的进行，觉得自己实在太小，没有办法和它们一起工作，后来它想出一个好方法，它在尘土中翻滚，让全身沾满泥土，然后快速跑向河边，把身上的泥土抖进水中，松鼠一次又一次重复着这样做。这一切隐士都看见了，就夸奖它说："只要有心，即使一只小小的松鼠也能有所成就。"

人做事不可能马到成功，一定要不断求索，奋力求成。其实结果并不重要，重要的是过程给人带来的乐趣。

做个内心强大的人

02 自信的人生必辉煌

人是世间万物之灵长,你是世界上独一无二的你。

甜蜜的爱情、美满的婚姻、幸福的家庭、亲密的朋友、信赖的知己、腾达的事业、辉煌的成就、别人的仰慕……这一切,我们每个人都想拥有,没有人希望自己在人生之路上遭遇失败。但成功除了离不开机遇与自己的拼搏外,首先要做和必须要做的,不是战胜外在,而是战胜自己;不是了解别人,而是了解自己。

了解自己主要是指认识自身的性格:是内向还是外向,是封闭还是开明,是自卑还是自信,是懒惰还是勤劳,是虚荣还是朴素,是偏执还是随和,是狭隘还是心胸宽大,是贪婪还是怯懦的……不管是怎样的性格都不要惧怕,因为只要了解了自己性格的特点,就可以发扬优点,克服缺点。法国作家纪德说过,人人都有惊人的潜力,要相信你自己的力量与青春,要不断地告诉自己:"万事全赖在我。"上天只创造了一个独特的你,你是独一无二的。成功胜利由自己创造,失败挫折由自己承担。

你只需要记住:你是特别的! 你是独一无二的!

一位有名的演讲家手里拿着一张20美元的纸币,开始了讨论会。在200人的屋子里,他问道:"谁想要这20美元纸币?"

开始有人举手。他说:"我会把这20美元纸币给你们中间的一位,但是,先看看我这么做。"

他开始把这张纸币揉皱,然后他问道:"还有人想要它吗?"仍然有很多手举在空中。"好,"他说道,"如果我这样做会怎么样呢?"

他把纸币扔到地上,开始用皮鞋使劲踩踏。然后他拣起又脏又皱的纸币,"现在,还有人要它吗?"

第五章 相信自己，事业必定成功

空中仍举着很多手。

"朋友们，刚刚你们已经得出一个非常宝贵的经验。不管我怎么糟蹋这张纸币，你们仍然想要它，因为它的价值没有降低。它仍然是20美元。"

"在生活中，很多次我们被自己制定的决策和身边的环境所抛弃、蹂躏，甚至碾入尘土。我们感到自己一无是处。但是不管发生了什么，或者将要发生什么，你们都永远不会失去自己的价值。"

"无论你肮脏或者干净，皱巴巴的或者被折磨，对周围爱你的人来说你仍然是无可替代的。我们生活的价值不在于我们做了什么，或者我们认识谁，生活的价值在于我们是谁。"

"你是与众不同的，永远不要忘记这一点！"

前无古人，后无来者，没有人拥有与你一样的能力，一样的才华，一样的朋友，一样的熟人，一样的负担，一样的伤痛和一样的机会。

没有人可以用和你一样的方式帮助别人。没有人可以说你说的话。没有人可以表达你的意思。没有人可以用你抚慰的方式去抚慰别人。没有人可以像你一样理解另一个人。没有人可以像你这样振奋、轻松和愉快。没有人可以像你这样微笑。没有其他人可以像你这样给另一个人带来如此独特的影响。

如果你不存在，世界将会有缺口，历史会有裂缝，人类的蓝图里，缺少了一些东西。珍视你的独一无二。这是一份只送给你的礼物，好好享用！

就如同这世上没有两片完全相同的树叶，这世上也没有两个完全相同的人，即使是同卵双胞胎外貌上旁人难以区分，但他们的DNA仍有着百分之几甚至零点几的差异。

也许你有些地方与别人相似，但你仍是无人能取代的，你的一言一行都有自己的个性和选择。因为你是自己的主人。无论高矮胖瘦，你的身体，从头到脚只属于你自己；你的目之所及，耳之所闻，你的脑子，包括情

做个内心强大的人

绪思想也只属于你自己。因此,你首先要先喜欢自己,接纳自己的一切,然后才能深刻了解自己,进而将自己最好的一面呈现出来!

然而人多少会对自己产生疑惑,内心总有一块连自己也无法理解的角落;但只要你多支持和关爱自己,就必定能鼓起勇气和希望,为心中的疑问找到解答,并更进一步地了解自己。

你就是你,世上不会再有第二个的你自己。

03 做自己的主人

成为自己生命的主人,我们必须运用自己自由选择的权利。作为自己生活的"总统",你每天、每个小时都可以作出自由的选择,我们每个人都能顶得住灾难和烦恼。

对于一个人来说最坏的事情莫过于总认为自己生来就是不幸之人,认为自己总是得不到幸运女神的垂青。事实上,在我们的思想王国之外,根本就没有什么幸运女神。我们的命运掌握在自己的手里,命运要靠自己去主宰。

在同一个社会环境里,人的命运之所以会表现出极大的不同,主要是由一系列客观条件与主观条件的不同所造成的。换句话说,内因即主观条件是人的命运变化的根据,具有一定的决定性,外因是通过内因而发挥其作用的。由此,无论是人类发展的实践,还是科学理论的分析,最终的研究结论就一句话:个人的命运主要由个人去把握。

快乐与烦恼往往很容易受外界因素的左右,受此影响的人经常表现得喜怒无常,搞得他人束手无策,只好对他避而远之。结果导致他的心情很压抑、沉重,更加苦恼、烦躁。

实际上,这样的苦恼仍需自己解决,问题的症结就在于自己的认知评价系统如何对外界刺激应答和选择。

古代,曾有位学者向南隐请教禅学。南隐以茶相待,他将茶水倒入了杯中。茶满后,但他还接着倒,学者说:"师父,茶已溢出来了,不要倒了。"南隐说:"你就好比这茶杯一样,里面装满了你自身的看法和观点。假如你是不首先把你自己的杯子倒空,叫我怎样对你说禅,只有心虚才能容道。"由此可见,假如心中有自己的成见,认为人们不可能征服烦恼,那么,你就听不进他人的箴言了。

每个人一旦降临这个世上,便陷入动荡不定的境遇之中,悲哀、愤怒、忧虑、愧疚和烦恼可能会不间断地困扰着每个人,给人们的精神套上沉重的枷锁。

面对现实的挑战,你能抵御消极情绪的袭击吗?

你能够征服烦恼吗?你能够主宰自己吗?回答是肯定的。只要你相信:问题的症结就在于你的认知评价系统中。

人们常常会错误地认为,生活的快乐与否,完全取决于外界刺激的大小。外界刺激大,烦恼就大;外界刺激小,烦恼也会随之小。实际上,这中间忽视了一个很关键的问题,就是对你自己头脑的加工。

例如,面对火车晚点这一不良刺激,有些人大发雷霆,急得团团转,焦躁上火;有些人则到服务部买点东西吃,坦然的等待;有些人则坐在候车室给朋友写封信,充分利用一下时间。很显然,这三种不同的反应,绝不是由外界刺激的大小决定的,而是由他们对同一刺激的不同态度而决定的。

由此可知,仅仅是环境并不能使我们快乐或不快乐,而是我们对外界环境刺激反应的选择。换句话说,事件本身没有压力,它们是否使我们感到紧张、有压力,在于我们以什么样的思考方式和方法看待它们。

假若你选择悲伤的事,浑身会充满凄凉的感觉;假若你选择恐惧的事,你会感到毛骨悚然,浑身冒冷汗;假若你选择生病的事情来思考,自然

做个内心强大的人

会愁容满面;假若你选择令人喜悦的事情来思考,定是眉飞色舞;假若你毫无信心,失败会接踵而来……因此,只要你充分相信自己,经常梳理自己的情绪,排解负面和消极的情绪因素,永远保持乐观向上的生活态度,就能做自己生命的主人。

04　自我肯定的人生必定成功

"走自己的路,让人们去说吧!"我们对但丁的这句名言并不陌生。可是,我们又是否能真正做到这一点呢?

别人对你的评价总是有偏颇的,有人只说好话,假如以此为据,你可能高估自己,自我感觉良好。因此,可能轻视他人,忽视一切,自以为是。也有人专挑坏的讲,故意贬低你,这样你可能低估自己,自卑消极。因此,在听取他人的评论之前,首先要有一个正确的自我评价,并以此为基准。

他人看到的可能只是你的表面或一个方面,真正全面、清楚了解自己的还是自己。只有天生没有主见的人才会整天打听他人对自己的评价。虽然有时候可能会出现"当局者迷,旁观者清"的情况,但大多数情况下旁观者的意见只能作为参考。

美国职业足球教练文斯·伦巴迪当年曾被人批评为"对足球只懂皮毛,缺乏斗志"的人。

贝多芬学拉小提琴时,技术并不高明,他宁可拉他自己作的曲子,也不肯做技巧上的改善,他的老师说他绝不是个当作曲家的料。

达尔文当年决定放弃行医时,遭到父亲的斥责:"你放着正经事不干,整天只管打猎、捉狗捉耗子的。"达尔文在自传上透露:"小时候,所有的老师和长辈都认为我资质平庸,我与聪明是沾不上边的。"

爱因斯坦4岁才会说话,7岁才会认字;老师给他的评语是:"反应迟钝,不合群,满脑袋不切实际的幻想。"他曾被退学。

罗丹的父亲曾怨自己有个白痴的儿子,在众人眼中,他曾是个前途无"亮"的学生;艺术学院考了三次还考不进去。他的叔叔曾绝望地说:"孺子不可教也。"

托尔斯泰读大学时因成绩太差而被劝退学。老师认为"既没读书的头脑,又缺乏学习的兴趣"。

假如这些人不是"走自己的路",而是被他人的评论所左右,怎能取得举世瞩目的成绩?人生的成功自然包含有功成名就的意思,但是,这并不意味着你只有做出举世无双的事业,才算得上成功。世界上永远没有绝对的第一。看过马拉多纳踢球的人,还想一身臭汗在足球队里混吗?听过帕瓦罗蒂歌声的人,还想修练美声唱法吗?其实,如果总是担心自己比不上别人,只想功成名就,那么世界上也就没有帕瓦罗蒂、马拉多纳这类人了。

太在乎别人的"评论",会使你做事畏首畏尾,养成优柔寡断的性格。假如一个企业家太在乎工人的"眼光",他就不是一个强有力的管理者。在发奖金时,他会首先考虑到副经理会怎么想,科长会怎么议论自己,然后那些老工人会不会认为我不照顾他们,还有门卫会不会认为自己不体贴他。这样,不调整十几遍,奖金是发不下去的。如果是个歌手,上台之前就东想西想,一身衣服会换上十来次,最后还是带着疑惑上场,上场后发现掌声没料想的热烈,心里又嘀咕上了……这样的歌手肯定唱不好的。而如果是个外交官,那可能就被人家牵着鼻子走,把自己国家都给卖了。太在乎别人的"眼光"肯定会以失去自我、失去个性作为代价,没有自我、没有个性的人肯定成不了大事,也不可能知道自己的价值。

与人交往的最佳境界是不卑不亢,这样才能不失自我。一个小职员见到总经理时很可能拘谨得语无伦次,而当他跳出总经理的圈子,就可能是大方自如。当你太在乎别人的时候,你也不知不觉地失去了自我。在

做个内心强大的人

生活中,我们经常会发现,有些我行我素、对别人反应迟钝的人却往往很让人佩服。只要我行我素而不侵犯别人,他们总是很受人欢迎的。

如今,我们生活在一个充满专家的时代。由于我们已十分习惯于依赖这些专家权威性的看法,因此便逐渐丧失对自己的信心,以致不能对许多事情提出意见或坚持信念。这些专家之所以会这么轻易取代我们的地位,是因为我们让他们这么做。

大部分人都没有想到自己其实才是世界上最伟大的专家——在他们自己本身、家庭或事业的世界里,他们做某些事,只不过是因为某些"专家"这么说,或因为那是一种流行,跟着做也可以凑个热闹。

保持自己的真面目,人们只有在找到自我的时候,才会明白自己为什么会到这个这个世界上来、要做些什么事、以后又要到什么地方去等这类问题。

05 态度,决定人生的高度

一切价值都是人的价值的创造物,人的价值也是人自己创造的。要创造自己人生的价值,就应该自己努力去奋斗,不断地实践,在实践中提高自己创造自身价值的能力,为社会不断作出更大的贡献,实现自己人生的真正价值。

每个人之所以成功或失败,完全取决于他对自己和他人的态度。我们的态度决定了我们的未来。一个人能否成功,取决于他的态度!成功人士与失败者之间的判别是成功人士始终有最热诚的态度、最积极的思考、最乐观的精神,以经验支配和控制自己的人生;失败者则相反,他们的人生是受人生的种种失败怀疑所引导和支配。我们的态度决定了我们人生的成功。要记住:你怎样对待生活,生活就怎样对待你;你怎样对待别人,别人就怎样对待你;你在一项任务刚开始时的态度就决定了最后的多大成功。你的环境——心理的、感情的、精神的——完全由你自己的态度来创造。

思想是因,环境是果。思考取决于动机,动机决定行动的方向,行动取决于习惯和礼遇。如果对环境不满意,就要赶快先改变脑中的思想。

钱太少了怎么办?没关系,悠着点花,多想点挣钱的办法,自然钱就多了;身材不够苗条怎么办?没关系,多吃水果蔬菜,少吃点油炸食品,适当的做运动,坚持几个月,身材就苗条了;和恋人分手了怎么办?没关系,分手代表着你们不合适,缘份来了,你的爱人就来到你身边了;觉得自己的职位太低了怎么办?没关系,利用业余的时间多学点东西,不断提高自己的能力,机会来了,你就成功了……

一个在孤儿院中生活的小男孩,有一次伤心地问院长:"像我这样没人要的孩子,活着究竟有什么意义呢?"

院长笑而不答。

有一天,院长交给男孩一块石头,说:"明天早上,你拿这块石头到市场去卖,但别'真卖',记住,无论别人出多少钱,绝对不能卖。"

第二天,男孩便拿着石头蹲在市场的角落,意外地发现有不少人好奇地对他的石头感兴趣,而且价钱越出越高。回到孤儿院,男孩兴奋地向院长报告,院长笑笑,要他明天拿到黄金市场去卖。在黄金市场上,有人出比昨天高10倍的价钱要买这块石头。最后,院长叫孩子把石头拿到宝石市场上去卖,结果,石头的身价又涨了10倍,由于男孩怎么都不卖,竟被传为"稀世珍宝"。

男孩兴冲冲地捧着石头回到孤儿院,把这一切告诉院长,并说出了自己的疑惑。

院长望着孩子慢慢说道:"生命的价值就像这块石头一样,在不同的环境下就会有不同的意义。一块不起眼的石头,由于你的珍惜、惜售而提

做个内心强大的人

升了它的价值,竟被传为稀世珍宝。你不就像这块石头一样吗?只要自己看中自己,自我珍惜,生命就有意义,有价值。"

很多人都在抱怨自己没有好的职业环境,在工作中稍微遇到一点困难或是挫折就看不到眼前的希望,从而自轻自贱,忽视自己工作的价值,这种意识是错误的意识。我们也总在追问工作根本的意义是什么?其实,只要你有足够的自信,充分展示自己的才能,任何工作都是你完美的舞台,工作就有无穷的意义与价值。

生命的价值首先取决于你自己的态度,就像那块石头一样,在任何环境下都有不同的价值。所以,当我们自我珍惜时,无论是什么环境,生命都将变得有意义、有价值。

生命的价值取决于你自己的态度,不同的选择就会有不同的价值。生活如此,事业也是如此,完美事业更是不能例外。既然你选择了完美事业,就说明你不想让自己成为一块没有价值的石头,那么也请你用微笑面对每一次拒绝和挫折吧!相信自己的选择,美丽的彩虹只会出现在风雨之后。

06 做自己想做的人

德国哲学家莱布尼茨说过,世上没有两个完全相同的事物,哪怕是孪生兄弟都会有区别。经过科学论证也的确如此。就拿我们的手来说,世界上没有一双是相同的,因为每个人的指纹都是不一样的。任何自然形成的事物都有与众不同的地方,任何生命都有自己独特的个性。"一花一世界",正因为个性的存在,才构成了七彩斑斓的生命,才有了形形色色的社会,一个人如若失去个性,生命的意义将是一片空白。找出自己的兴趣所在,找到一份自己喜欢的工作,活出真实的自我,这样才不枉在人世走

第五章 相信自己，事业必定成功

一遭。

菲尔·强森的父亲是一家洗衣店的老板，他希望儿子能出人头地，长大后比自己有更大的作为。然而他作了种种努力，菲尔·强森却丝毫也没听进去。于是，洗衣店老板改变策略，他将儿子安排在洗衣店，并且逢人便宣传：他要让儿子继承自己的事业，接管这家店铺。

一开始，菲尔·强森并没有觉得父亲这样做有什么不好，但慢慢的，他就觉得那是一件没有任何创意的工作，单调枯燥、千篇一律。他开始厌烦，接着便是痛恨，最后终于发展到怠工甚至旷工。

这时，他的父亲开始跟他谈判，明确告诉他，如果他不愿意在洗衣店待下去，他的唯一选择只能是机械厂——在当时，不但挣钱少，而且活儿又脏又累。

为了摆脱困境，菲尔·强森不假思索地答应了。当他到了机械厂后才发现，事情比自己想像的还要糟糕，那油腻的工作服和一天十多个小时的工作时间自不待说，更要命的是这里的一切对他全都是陌生的，他必须像一个小学生似的从头开始。然而，他心里也明白，后退是没有出路的，也是不可能的。于是，他横下一条心，将全部精力和时间都扑在了有关的工作上。几年过去，他不但熟悉了一般的操作技术，而且还选修了机械工程、引擎制造等多门专业，他制造的"空中堡垒"轰炸机，在二战中发挥了巨大的作用，后来他成为公司的总裁。

我们应遵从内心的指示，对于自己的理想要有决断力，并根据当时的认识水平选择达到人生目标的最佳途径。这个例子说明，我们应将全部注意力集中到某一点上，就像让阳光通过火镜集中到一点，直至达到燃点。某种强烈的愿望一旦被"聚光"，就将发挥巨大的威力，展示出你的愿望和理想的光辉。

真正成为自己不是一件容易的事。世上有许多人，你用什么词来描绘他都行，例如是一种职业，一个身份，一个角色，唯独不见了他自己。如

做个内心强大的人

果一个人总是依照别人的意见生活,总是毫无主见的忙碌,不去独立思考的问题,不关注自己的内心世界,那么,说他不是他自己就一点儿也没有冤枉他。因为确确实实,从他的头脑到他的心灵,你找不到丝毫真正属于他自己的东西,他只是别人的一个影子和事务的一架机器而已。

每个人只有一次生存的机会,都是独一无二、不可重复的存在。正像卢梭所说的,上帝把你造出来后,就把那个属于你的特定的模子打碎了。名声、财产、知识等都是身外之物,人人都可求而得之,但没有人能够代替你感受人生。你死之后,没有人能够代替你再活一次。如果你真正意识到了这一点,你就会明白,活在世上,最重要的事就是活出自己的特色和滋味来。你的人生是否有意义,衡量的标准不是你取得了多少财富,而是你对人生意义的独特领悟和个性的坚守,从而使你自我闪放出个性的光华。

07 奋斗,让自己的人生与众不同

人生不是铺满玫瑰花的途径,每天都是奋斗。

每个人的人生过程,是继续不断在奋斗的,人生的目的是争取胜利与光荣。

看那些名人传记,他们事业的成功,没有不是经过奋斗而来。就一般平庸的生活,也莫不是从奋斗中得来。

人生就是奋斗在最悲伤的时刻,不能忘记信念;最幸福的时刻,不能忘记人生的坎坷。

人生在少年时期,除了受父母的保护,师友的指导外,就是与寒暑奋斗,与疾病奋斗;若家境贫寒,还要与生活奋斗。

到了青年时期,更要自己与自己奋斗,这是人生大奋斗的预备时期。

所有壮年立业的力量，都在这个时期学习完成和储备起来，是人生一大关键。

壮年时期，是人生奋斗最激烈、最精采的时期，能否博得人们的喝采，表现得出色，全看你的如何努力而定。

当你跨入社会之初，你看见的外表是壮丽的，是灿烂的，你将感到充满诱惑；同时到处布置着陷阱，步步荆棘，处处障碍。

你想做一个红人，名人，伟人。就需拿出你全部的精神，在社会上奋斗，为事业奋斗打出一条血路来。等到夺取据点，脚跟站稳，然后运用你的地位、权力、经济、手腕各种力量。发展你的抱负，发挥你的才能，日积月累，由小而大，而需时时保持继续不断的，精益求精，实是求是的加以改良，充实，扩展以达目标。

我们生活一天，就要奋斗一天。

有这样一则故事：一位老木匠准备退休了，他想离开建筑行业，和老伴过一种更加悠闲的生活，他将会留恋以前这份工作及报酬。问他能不能帮忙再建一栋房子？木匠答应了。

随着时间的推移，可以明显地看到，木匠并没把心思放在工作上：他用低劣的工艺，还偷工减料，总之，他以很不圆满的方式结束了他的建筑生涯。木匠完工后，老板来验收时拿出钥匙交给木匠，"房子归你了，"他说道，"算是我送给你的礼物吧。"木匠震惊了，他羞愧得无地自容。如果事先知道他是在为自己建房子，当初就不会……

想想看，我们身边是不是有很多这样的人，他们漫不经心地生活着，工作起来投机取巧、消极应付、得过且过着，从来不踏实努力工作，整天只知打着如意盘算：怎样占便宜？怎样以最小的付出获得最大的报酬？转眼间，几个春秋过去了，身边的同事晋升的晋升，甚至有人已成为自己的领导，他开始愤愤不满，满腹牢骚，感叹命运的作弄，领导的不公……

他们实在应该扪心自问一下，自己到底在工作中付出了多少汗水？

做个内心强大的人

为企业创造了多少效益和利润？如果老是一副连自己本职工作都干不好的样子，还有什么资格抱怨企业，抱怨生活呢！要明白，今天的一切都是自己咎由自取的结果，是由自己以前的工作态度和选择决定的，永远没有理由去抱怨别人。因为只有游戏人生的人，命运便时常和你"开玩笑"。

　　聪明的人，懂得好好利用自己的智慧。他们明白，命运是公正的，幸运永远眷顾那些对工作拥有积极心态、对生活充满希望和辛勤付出的人。他们懂得今天的辛勤耕耘是为了明天能收获累累。木匠之类的人，是那些看似聪明、爱耍"小聪明"实则愚蠢的人，他们对事物发展缺乏远见和清醒的认识，他们不知道，自己在漫不经心地抒写自己人生的同时，也向世人证实了自己那微不足道的价值。老木匠用自己敷衍的态度为自己职业生涯划上了不圆满的一笔。这种残缺、这个遗憾是永远也弥补不回来的。

　　一个人，他的生命价值是分文不值还是高贵无价，是由他的生活态度和为社会做的贡献大小决定。请记住，别人永远不可能给自己正确估价，你的价码是自己开的。聪明的你，将在社会工作中怎样抒写自己的人生？怎样证明自己的价值呢？但是值得肯定的是，只要你以积极努力的态度应对生活，你将会收获一个阳光明媚的春天。

08　心态健康——事业成功的基础

　　在这个世界上，没有什么事情是不可以改变的，美好、快乐的事情会改变，痛苦、烦恼的事情也会改变，曾经以为不可改变的事，许多年后，人们就会发现，其实很多事情都已经改变了。而改变最多的，就是自己。不变的，只是小孩子美好天真的愿望罢了。

　　心态是我们真正的主人，它能使我们成功，也能使我们失败。同一件事由具有两种不同心态的人去做，其结果可能截然不同。心态决定人的命运，不要因为我们的消极心态而使自己成为一个失败者。要知道，成功永远属于那些抱有积极心态并付诸行动的人。你不能左右天气，但你可以改变心情；你不能改变容貌，但你可以展现笑容；你不能控制他人，但你可以掌握自己！

成功需要一个健康的心态，没有一个健康心态的，早晚会出现问题，甚至会让成功变成昙花一现。如果我们想改变自己的世界、改变自己的命运，改变自己的未来，那么首先应该改变自己的心态。只要心态是健康的，我们的世界才会是光明的。改变心态才能改变命运，有良好的心态才会有幸福的人生。

一次火灾事故中，消防队员从废墟中找出了一对孪生兄弟——李勤和李乐。他们是此次火灾中仅生存的两个人。

兄弟俩在这次火灾中被烧得面目全非。弟弟整天对着医生唉声叹气："自己变成了这个样子以后还怎么去见人，还怎么养活自己？与其赖活着，还不如死了算了。"哥哥努力地劝弟弟说："这次大火只有我们得救了，因此我们的生命显得尤为珍贵，我们的生活最有意义。"

兄弟俩出院后，弟弟还是忍受不了别人的讥讽，服了安眠药离开了人世。而哥哥李勤却艰难地生存了下来，无论遇到冷嘲热讽，他都咬紧了牙关挺了过来，他每次都暗自提醒自己："我的生命的价值比谁都高贵。"

有一天，李勤在雨中看到不远的一座桥上站着一个人。那个人要自杀，连续三次从桥上跳入河中都被李勤救了起来……

谁知，李勤这次救下的人是一位亿万富翁，这个富翁很感激李勤的救命之恩，就和他一起干了事业……几年后李勤用自己挣来的钱做了整容。

在相同的境遇下，不同人会有不同的命运。一个人的命运不是由上天决定的。也不是由别人决定的，而是由自己决定的。在人生的风雨之中，我们都难免遭到风吹雨打，但是，我们必须拥有抵抗风雨的勇气与能力。有时候,命运是故意要制造一些风风雨雨来考验我们。所以,我们随时都要有迎接命运考验的准备,并敢于向命运挑战。缺憾应当成为一种促使自己向上的激励机制,而不是一种宽恕和自甘沉沦的理由。

一个人要想改变自己的命运,最重要的是自信,要始终相信自己。自信是对自我能力和自我价值的一种肯定。在影响自学的诸要素中,自信是首要因素。有自信,才会有成功。

美国作家爱默生曾说:"自信是成功的第一秘诀。"自卑是一种消极的自我评价或自我意识,即个体认为自己在某些方面不如他人而产生的消极情感,是一种危机心态。自卑是束缚创造力的一条绳索,要想成就一番事业,首先要做的一项工作就是拒绝与自卑纠缠。

据有关专家统计,世上有92%的人是因为对自己信心不足,而不能走出生存的困境。这种人就像一棵脆弱的小草一样,毫无信心去经历风雨。这就是说,缺乏自信,而在自卑的陷阱中爬来走去,是这些人最大的生存危机,自然就会导致挫败。如果不能从自卑中挣脱出来,那么就成不了一个能克服危机的人。

莎士比亚说过:"自信是成功的第一步"。当你满怀激情踏上自学之路时,请带上自信出发,那么一切都将会改变。

08 活出自己的精彩人生

在现代社会里,人与人之间的交往,都是鄙视那些满口仁义道德,活在虚假的礼法上,心里却是肮脏阴险的不义之人的。借着高尚、严肃的名分,伪装出关心、爱护、正直、无私、严词说教,不仅严重地刺伤了人类的感情,也伤害了人们应有的尊严。古人提倡风流人生,"宁为真士子,不为假道学",是指有才学而又不拘礼法。一个人不能活得太虚伪,太不真实的。

第五章 相信自己，事业必定成功

真实一点，自然一点，也许这会使你感觉更好呢！

陶渊明一生不愿出仕，几次做官都不如意，最终辞官回家。他最终辞官回家是因为这样的一件事情引起的：有一天，郡里派遣督邮到泽县来检查工作。县里的小官吏听到这个消息后连忙去向陶渊明报告。这时，陶渊明正在他的书斋里读书写诗。他一听督邮来检查，十分扫兴，便放下纸笔，准备跟小吏一起去见督邮。

小吏见他穿着一身便服，吃惊地说："上级来视察了，你作为一县之长，应该穿上官服，束上带子，恭恭敬敬地去迎接才好，怎么能穿着便服去呢？"

陶渊明向来看不起那些依仗权势、盛气凌人的官僚们，听小吏说还要穿起官服去向督邮行拜见礼，他觉得自己无论如何也接受不了。他叹息一声对小吏说道："我可不愿意为了五斗米的俸禄，就躬着腰向那些乡里小人作揖打拱，做出曲意逢迎的样子来。"

说完，陶渊明不仅不去会见上面来的督邮，而且拿出县里的大印和官服交给小吏，说："督邮来了，请你把这些东西交给他。"

人们常常会遇到这样一种人，他们的面容严肃正经，神态庄严，摆出一副不屑与人为伍的样子，假作高傲的贵人的身份，其做派令人可笑。这往往是一群身份卑微的人，他们打心里认为高贵是一种特权，所以竭力向这个团体靠拢。只要遇到了可以称贵的人，即在社会上有身份、地位、贵族血统等等的社会名流，他们便卑躬屈膝，点头哈腰，百般奉承讨好。遇到了与自己同等身份或不及自己的人，他们马上换上另一副面孔，正襟危坐，不苟言谈，巍然不可冒犯的姿态，对尊和卑的严格的划分，到了令人无法忍受的地步。这是地地道道的伪君子，品格卑劣的小人。

故意忸怩作态，是一种很强的表现欲望在作祟，其表演往往又流于肤浅。弯的变成直的，直的变成弯的，做作不自然，令人作呕。真挚的感情、美丽的情操，与过分的掩饰、矫情的表演格格不入，矫揉造作不仅不利于

做个内心强大的人

感情、友好、希望等等内含的表达,也败坏了真的形象、美的形象、善的形象,没有丝毫可以值得欣赏的。成功的人际交往,都是建立在自信而又谦虚、热情而又端庄的基础上。美好的塑造,离不开良好的文化教养、出类拔萃的聪明才智和高雅不俗的仪表。唯有如此,才会有上好的率真的表现。

有道是:"满灌子不摇半灌子晃荡"。学识渊博、修养深厚的智者是不会装腔作势的。"钦差大臣"更是淋漓尽致地揭示了俄国上层社会的虚假丑恶的众生相。那些贪图近利的官吏们为了能抓到一个机会,尽装腔作势之能事。陈胜在贫困时对天盟誓,要求同享富贵。一旦富贵了反而容不得那些才摆脱不久的"贫穷",连"装腔作势"的面纱也不要了。

我们用自身的双脚去跋山涉水,用自身的双手去创造财富,用自身的大脑去思考人生,用自身的心灵去感受真情。因此,不要羡慕任何人,妄自菲薄;也毫无理由目中无人,妄自尊大。保持一颗平常心,本着对每个生命个体的尊重,走在属于自己的路上,活出自我的真性情!

第六章

善待梦想，营造美好的人生

也许你认为自己没有秀美的容貌，没有骄人的学业，也没有出众的才华，反正你觉得自己是一无所有，但不要忘了，你还拥有梦想的力量！善待梦想，会使你有力量寻觅美好。善待梦想，便能在单调中挖掘多彩。善待梦想，就会让自己的每一个季节都绽放出春天般灿烂的光彩，呈现出亮丽的风景。追寻你的梦想吧，不要轻言放弃。努力过后，你会发现，其实梦想与现实之间，仅仅一步之遥！

做个内心强大的人

01 擦掉"不能"前面的"不"

人生的真正胜利在于不断探索,并在探索极限中不断的理解自己且超越自己!

1862年9月,美国总统林肯发表了于次年1月1日生效的《解放黑奴宣言》。在1865年美国南北战争结束后,一位记者去采访林肯。他问:"据我所知,上两届总统都曾想过废除黑奴制,《宣言》也早在他们那时起草好了。可是他们都没有签署它。他们是不是想把这一伟业留给您去成就英名?"林肯回答:"可能吧。不过,如果他们知道拿起笔需要的仅是一点勇气,我想他们一定会非常懊丧。"记者一直没弄明白林肯这番话的含义。

直到林肯去世后,记者才在他留下的一封信里找到了答案。在这封信里,林肯讲述了自己幼年时的一件事:"我父亲以较低的价格买下了西雅图的一处农场,地上有很多石头。有一天,母亲建议把石头搬走。父亲说,如果可以搬走的话,原来的农场主早就搬走了,也不会把地卖给我们了。那些石头都是一座座小山头,与大山连着。有一年父亲进城买马,母亲带我们在农场劳动。母亲说,让我们把这些碍事的石头搬走,好吗?于是我们开始挖那一块块石头,不长时间就搬走了。因为它们并不是父亲想象的小山头,而是一块块孤零零的石块,只要往下挖一英尺,就可心把它们晃动。"

他写道"有些事人们之所以不去做,只是他们认为不可能,而许多不可能,只存在于人们的想象之中"。

想象中的不可能就像是魔鬼,不但吓倒了林肯的父亲,也吓倒了林肯之前的两任总统。

世界有很多事情都是这样,即使是距离成功只有一步之遥的大好机遇,也会被此类魔鬼吓跑。很多人在成功的门外徘徊了很久,却没有敲门的勇气,从而失去了即将到手的成功,而把机遇让给了那些不相信"不可能的魔鬼"的人。

这些被称为魔鬼的东西,专门会在你面临决断时出现在你的脑海里:"不可能""不行""太难了,简直比登天还难""别人都失败了,我也不可能成功",它们死死与你纠缠,直到你放弃才肯离去。你听信了这些魔鬼的话,就只能和成功擦肩而过。

当一个人被这些魔鬼占据了心智,他必将一事无成。

成功的事业注定要有冒险的成分在内。创业首先需要的是投资,而投资一词永远同风险紧紧联系在一起,世界上没有无风险投资,更不存在无需投资的创业。

除了钱以外,时间、精力、享受与健康亦属投资之例。譬如,你用了10年时间写一本书,这10年的岁月让你丧失了诸多休闲的乐趣,既影响与亲人、朋友交往,又让你失去了生活中的许多享受。这种投资可能比金钱投资的风险更大,因为你不知道你的付出和所得是否对等。

如果你期待世上有什么轻轻松松,既无风险,又可以成功赚大钱的事,那么你只能收获失望。

没有冒险就没有成功,这绝对是个真理。有时候,你还会发现这样一件有趣的事:当你成功之后,你才知道所谓的巨大风险不过是虚惊一场!

因为你没被风险吓倒,所以,风险被你的无畏精神吓倒了。

中国有句话:初生牛犊不怕虎。与其相对立的则是:江湖越老,胆子越小。

所以,自古英雄出少年;所以,老成持重,不求有功,但求无过。

初生牛犊为什么会屡屡成功,而且有时看上去是那么的轻而易举?因为他们根本没把困难看在眼里,将所有的精力都用在干事儿上了。

"哪有时间想那么多?干吧!"这是很多年轻人的口头禅。

勇敢者头脑中的道理很简单:无论争取成功还是摆脱逆境,只有一个

做个内心强大的人

办法,那就是告诉自己没有什么不可能,未知的也并不可怕,只要走下去,就是成功。

苦难造就天才,压力制造成功,绝境产生奇迹。

人的荣耀不在于永不失败,而在于跌倒后再爬起来,每一次的爬起都是坚强的意志的提升。擦掉"不能"前面的"不",让一切变得皆有可能!

02 持之以恒,把成功握在自己手中

我们每个人都心中有梦,有的人希望能过着高品质的人生,有的人则希望能改造这个社会,然而因为生活中的诸多挫折和日常琐碎,许多人的梦就此缩水,甚至再也提不起劲想去实现。

命运如同一颗麦粒,有着三种不同的道路。一颗麦粒可能被装进麻袋,堆在货架上,等着喂猪;也可能被磨成面粉,做成面包;还可能撒在土壤里,让它生长,直到金黄色的麦穗上结出成千上百颗麦粒。

我们和一颗麦粒唯一的不同在于:

麦粒无法选择是变得腐烂还是做成面包,或是种植生长。而我们有选择的自由,我们不会让生命腐烂,也不会让它在失败、绝望的岩石下磨碎,任人摆布。

运动员在场上因抢跑被警告,会出现两种截然不同的反应:

1. 害怕被罚下场,故而放弃了抢跑,宁可一开始就被别人落下。

2. 认为放弃抢跑就是放弃了冠军争夺。所以冒着宁可被罚下场的危险,也要坚持按规则抢跑,与其放弃第一名,莫不如被罚下。

奥运短跑冠军,除了身体上的优势之外,坚强的心理素质,也是他取胜的关键。

如果我们把在运动场被警告视为人生事业的一次失败,那么,有没有勇气重新回到起跑线上来,从零开始,就成了是否能够再创成功的首要条

第六章 善待梦想，营造美好的人生

件。但是，虽然你有勇气回来，敢不敢于第二次抢跑，才是成功的关键。

百米竞赛，很少有人做到起跑落后却后来居上的。

抢跑是规则允许的一种可以占尽先机的优势，没有任何理由放弃它。

如果说抢跑是个技术问题，那么，重新回到起跑线上来，则是个信念与勇气的问题。两者缺一不可。

即便你的技术再好，但一遇警告便完全泄气，连重新回到起跑线的勇气都没有，那你也只能失败。

杰克·伦敦小学毕业后即开始四处流浪，打工。在 19 岁以前，还从来没有进过中学。他在 40 岁时就离开人世了，可是他却给世人留下了 51 部巨著。杰克·伦敦的童年生活充满了贫困与艰难，但是他酷爱读书，除了做工之外，他一天中读书的时间达到了 10~15 小时。19 岁时，他决定停止以前靠体力劳动吃饭的生涯，改成用脑力谋生。他厌倦了流浪的生活。

于是，他进入了加州的奥克兰德中学。他不分昼夜地用功，从来就没有好好地睡过一觉。天道酬勤，他也因此有了显著的进步，他只用了 3 个月的时间就把 4 年的课程念完了，通过考试后，他进入加州大学。

他渴望成为一名伟大的作家，在这一雄心的驱使下，他拼命地写作。他每天写 5000 字，这也就是说，他可以用 20 天的时间完成一部长篇小说。他有时会一口气给编辑们寄出 30 篇小说，但它们统统被退了回来。这让他感到绝望，觉得自己不是作家的料。于是，他只好放弃了写作。

1896 年，人们在加拿大西北柯劳代克发现了金矿。

跟随着像蝗虫一样的淘金者人流，杰克·伦敦踏上了柯劳代克之路。他在那里待了一年，拼了命似的挖金子。他忍受着一切难以想象的痛苦，而最后回到美国，他的囊中却仍然空空如也。

只要能糊口，任何工作他都肯干。他曾在饭店中刷洗过盘子；他擦洗过地板；他在码头、工厂里卖过苦力。

有一天，他饥肠辘辘，身边只剩下两块钱了，他决定放弃卖苦力的劳

做个内心强大的人

苦工作,重新回到曾经让他伤心的文学创作上来,从零开始。这是1898年的事。仅几年,他便有6部长篇以及125篇短篇小说问世,一跃成了美国文艺界的最为知名的人物之一。

只要你敢于回到起跑线上来。第二次向成功发起冲击,成功便有一半在握,剩下的仅仅是一个努力过程而已。

曾巩是北宋时期唐宋八大家之一。他和胞弟、表弟共六人,几次在科举考试中都未考中进士,有一年,曾巩与其弟应试去,不料又名落孙山,有人作诗讽刺他们说:"三年一度科场开,落杀曾家两秀才。有似檐间双燕子,一双飞去一双来。"曾巩对此并不介意,也不灰心,一再教育诸弟要经得住失败的考验,在学习上要永不懈怠,刻苦攻读。又到大比之年,曾巩与兄弟六人又去赴试,在走之前,曾母感叹地说:"你们六人当中,只要有一个金榜题名,我就心满意足了!"考试结果张榜公布。曾巩兄弟六人都中进士,且名次都在前列。

我们常说罗马城是一砖一瓦砌成的,这一砖一瓦地砌,是需要功夫的。长城是一个伟大的历史功绩,它的意义决不仅仅是成为了世人共知的珍贵历史遗产,而是中华民族生生不息的生命力的延续。因为它是经过漫长的两千年才逐渐完成的。

如果你坚持下去,总有一天你会交上好运。并且你会认识到,要是没有从前的失望,那不会发生的。

03　勇于尝试

勇于尝试的人才能创造神话,一次不成功再来一次,直到成功为止。

马克西·法勒36岁时参加了加利福尼亚律师资格的考试,他没有通过。所以,他又试了一次,又失败了;又试了一次,还是失败了。他在洛杉矶、圣地亚哥、旧金山和加利福尼亚的所有地方都参加过律师资格考试。

第六章　善待梦想，营造美好的人生

在他的孩子还很小的时候，他就开始参加律师资格考试。直到他已经退休年龄了，可是他还在参加律师资格考试。

25 年之后他终于通过了考试。在此期间，他一共花费了 5 万美元的考试经费，参加了无数次的复习课程学习，在考场里花费了 144 天，他一共参加了 48 次考试，最后终于通过了。而他也 61 岁了。

"因为我不可能放弃，"他解释说，"我不会放弃，我的出发点是——我是可以通过律师资格考试的，只要我不放弃，我肯定能通过考试。"

不管尝试了多少次，马克西·法勒都不认为自己是个失败者。在 20 世纪 50 年代，当时的法律和审判对黑人来说是不公平的。马克西·法勒认识到了这一点，从那时起，他就决定要成为一名律师，一定要为黑人伸张正义。一些坚持正义的律师的事迹深深打动了他，从那时起他就确定了要用法律来改变这个社会的目标。

他说："每次考试时我都持'我是第一次参加考试'的态度，这样对消除我的顾虑很有效。"他还坚持自己肯定会通过这次考试，这种坚定的信念对他很有帮助。"这样一想，我就感觉我通过了每次考试，只是它们不通过我，我也没办法。"

第 48 次尝试后，马克西·法勒的一个儿子接到了那个装着通知书的信封，马克西·法勒接过信封就将它扔在了壁炉架上，就像他对待 25 年来接到其他信件一样，而那个信封就待在家中最好的瓷器上面，好几个小时没有人打开它。马克西·法勒的儿子最终打开了它，随着一声欢呼，他跳到父亲身边，开始亲吻他。马克西·法勒用了 40 分钟才相信从儿子嘴里发出的声音："祝贺你，马克西·法勒先生……"

在马克西·法勒的就职仪式上，数千名同事到场向他表示敬意，他们从来没有见过具有如此乐观精神和坚韧毅力的人。

法勒的成功，是永恒信念的结果。

而且，他这种执着的追求决不是为挽回面子什么的，他就是要成为一名为黑人伸张正义的律师。所以，61 岁通过资格考试之后，他马上开办

119

做个内心强大的人

了一家律师事务所。

他对自己的顾客说:"我能为你们的案子争取到最好的结果。"

他们相信,没人怀疑他的话,因为他早证明给大家看了。

法勒的成功是双赢式的成功——48次考试的失败,等于一直在向人们宣扬的他的坚强信念,他若给自己做广告,只要一句话"我是马克西·法勒"就足够了。

所谓的功夫不负有心人就是这个道理。

同马克西·法勒相比,中国古代有个同样的"撞南墙"的人,他竟然给自己立起了一道"铁墙",并发誓一定要"撞穿"它。

五代时人桑维翰,他很有才华,一心想考中进士。

他第一次应考时,遇到了一个很迂腐的主考官。这个主考官在评考卷时,看到桑维翰的名字,觉得"桑"字与"丧"字同音,很不吉利,就说:"这个生员怎么姓桑呢?他的文章也不用看了,就是写得再好,也不能录取他。"

发榜以后,桑维翰见自己没有考中,就去打听原因。当他得知竟然是因为自己的姓与"丧"字同音就使自己落榜时,非常愤怒,决定要写一篇文章来破除这种迷信。

桑维翰的文章叫《日出扶桑赋》,扶桑是我国古代传说中太阳升起的地方,桑维翰在文章中说,太阳升起的地方都叫扶桑,说明这个"桑"字并没有什么不吉利,自己为什么会因为姓"桑"而落榜呢?说自己姓"桑"不吉利,这不是毫无道理的事情吗?

当时,有人就劝他,说通过其他途径也可以达到做官的目的,不一定非要去考进士。桑维翰却铁了心,说:"我的志向已经定下来了,非考进士不可!"

为了表明自己的决心,桑维翰特意请铁匠铸了一块铁砚,他拿着铁砚对大家说:"除非这块铁砚磨穿了,否则,我决不放弃!"

他一次又一次的努力,一次次的失败,最终还是考中了进士。

每一天你都要这样问自己几次:"你竭尽全力了吗?"你还要经常这样告诫自己:

别人能做到,我也一样!

04　永不放弃

众所周知,电话发明者是贝尔。他是世界上电话发明专利的拥有者。但很多人不知道,在贝尔之前,莱斯就早已发明出了电话机,憾憾的是,他的那种机器只能传送音乐,是一种玩具式的东西,没有什么市场价值。莱斯在发明了能够传送音乐的电话之后便放弃了,没有对它进行更深入的研究。而贝尔却在莱斯的理论基础上,发明出了真正可以通话的电话机。

莱斯蛹死茧中,而贝尔却破茧而出。

在开罗博物馆,人们能够看到从图坦·卡蒙法老王墓挖出的众多宝藏。这些宝藏几乎占据了庞大建筑物的第二层楼的大部分,黄金、珍贵的珠宝、饰品、大理石容器、战车、象牙与黄金棺木等让人眼花缭乱、目不暇接。这些巧夺天工的工艺至今仍无人能及。

在人们慨叹这些宝藏的珍奇时,谁能想到,如果不是霍华德·卡特决定再多挖一天,也许这些宝藏至今仍埋在地下不见天日。

1922年的冬天,卡特在工作了好几个月以后,几乎已经放弃了找到年轻法老王坟墓的希望,他的支持者也即将取消赞助。卡特在自传中写道:

这将是我们待在山谷中的最后一季,我们已经挖掘很久了,春去秋来毫无所获。我们一鼓作气工作了好几个月却没有发现什么,只有挖掘者才能体会到这种彻底的绝望感;我们几乎已经认定自己被打败了,正准备离开山谷到别的地方碰碰运气。然而,要不是我们最后垂死的努力一锤,我们永远也不会发现这远超出我们梦想所及的宝藏。

做个内心强大的人

霍华德·卡特最后的努力成了全世界的头条新闻,他发现了近代唯一一个完整出土的法老坟墓。

霍华德·卡特的最后一锤成了打开成功之门的临门一脚。尽管残酷的现实曾令他一次次地绝望,然而,他却在这种绝望的苦难中执着地追寻着,到底还是不肯放弃。

成功之门,往往就需要你这最后的一击。这一锤砸下去,你将获得重生,然而,此刻的你可能早已弹尽粮绝,疲惫不堪,更可怕的是,你已经放弃了希望,你不肯相信自己努力下去就是成功。

运动场上往往有这种场面:一个长跑运动员在距离终点线几米的地方跌倒了,爬起来,踉跄几步,他就是冠军;一旦泄气,伏地不动,他连起码的资格都丧失了。

前功尽弃是人生最可悲的。而最后的一锤打造出来的成功是异常壮美的。

人生其实就是一次漫长的坚持再坚持的过程,如果你在人生中失去了坚持的耐心,一路上不断放弃,最终只会一无所获。

生命是沉重的,它承载了太多的梦想。但是它给了我们生活,是希望我们可以在生活中绽放我们的梦想,以此来减轻生命的重量。毕竟,在人生的道路上,挫折是多的,都只是一个小部分,就像你走过的楼梯总比平坦的路少一样。正因为生活的平坦让你感到习惯和自然,挫折才会显得突出与困难。我们还年轻,未来会有更多的跌宕起伏,现在的这点阻碍又算得了什么呢?生命无论多分繁复杂,都是上天对我们的试探。你挺过去了,迎接你的就是绚丽的明天。坎坷是暂时的,关键在于你是跨过去,还是倒回原点。

"把你的梦想当回事",这句话虽然短,却已给了我勇气。有梦总还是好的。敢于挑战才是真的!当你发现你的梦想散落一地时,不要丢弃,只要轻轻拾起,它还是属于你的,保持着最初的模样。有时问题和失败往往是乔装打扮的机遇之神!

05　等待，让生命之花开放

奇迹，有时需要漫长的等待；复活，更需要超凡的耐心。

在北方零下40度的严寒中，大地一片萧杀气象：满目皑皑白雪，脚下是两米厚的冻土层；呼出一口气，瞬间结为冰雪颗粒，湿热的手碰到铁器会粘去一层薄皮……

此时此刻，你几乎无法相信在这个世界上，除了穿得厚厚的人和一些耐寒冷的毛皮动物之外，还会有什么生命存在。你甚至担心再也看不到鲜花和蝴蝶，还有青蛙与小鱼。是的，这样的温度下，那些可怜的弱小生命如何能存活下来呢！

挫折会让人感觉如同置身于此种环境——令人绝望的死寂而寒冷的氛围。

这样的环境会让你对春天产生极大的怀疑。

然而，所有的生命却都会在春天里一样不少地重新出现。

你不能不对这种顽强的生命循环感到惊奇，尽管你清楚它们在冬眠。在几米深的冻土下或薄薄的茧壳中，在那死寂黑暗之中一动不动地蜷缩着大约9个月，这是生命的一个奇迹。

昆虫和青蛙们都明白：必须顽强地度过冬眠期限才能见到春天，这是生命付给物种延续的必不可少的痛苦代价。

与其相比，人类是多么的幸运。睡眠对于我们来说，只是种休息与享受。所以我们不必经受那炼狱般的漫长无际的煎熬。不过，人生到底还是无法彻底逃离类似的"冬眠期"的生死考验。

对于一个命运受挫、败下阵来的人来说，就像在经历一个漫长萧瑟的冬天，时间就是一把在你那颗流着血的心上不停锉动的刀子，它一刻不停，

做个内心强大的人

看似永远:一年、两年,三年……

当然,只要你喊一声"我放弃了",它就会停了下来。但是,你将再也看不到春天的到来。

冬季里的一天,一个孩子与父亲一起来到花园中散步。

孩子在玩耍时发现一棵树已经死了。它的树皮已经剥落,枝干也不再呈暗青色,完全枯黄了。

孩子对爸爸说:"爸爸,那棵树早就死了,把它砍了吧!我们再种一棵。"爸爸说:"也许它真的不行了。但是,冬天过去后它可能还会抽枝发芽的,给它点时间,也给我们自己些耐心。"

果然不出父亲所料,第二年春天,那棵好像已经死去的树居然真的重新萌生新芽,和其他树一样在春天里展露出生机。其实这棵树真正死去的只是几根枝杈,到了春天,整棵树枝繁叶茂,和其他的树木并没有什么差别。

蝉,在昆虫类中应该算是生命力最顽强、寿命最长的物种之一。它们平均寿命为 6~7 年。就一只小小的昆虫而言,这种寿命不能不令人惊奇。

不过,当你了解了这种昆虫中的强者的成长过程之后,你就会明白这样一个道理:痛苦是强者的摇篮。

一只蝉的卵,要在深土中经过三四年蛰伏,一次又一次的蜕变,壮大,最后才会生出翅膀飞到树上去。在正式成为蝉之前,它不过是一只地下的土虫,它苦苦地忍耐,顽强地经受着自然界优胜劣汰,弱肉强食的考验,为了能够成为一只飞来飞去、振翅鸣叫的蝉,努力拼搏。

生命的顽强源于制造过程的严酷、考究,否则,它们只能是那些几十天寿命的劣种。

如果将一只刚刚捕捉到的蝉捏在手指间时,你会被它那强劲的挣扎力量所折服。另外,它的鸣叫声几乎可以同汽车喇叭媲美,堪称昆虫类中叫得最响的。

它们的强大,无疑是一次又一次蜕变的结果。

然而,蜕变是痛苦的。这种痛苦包含着暂时丧失攻击与自卫的能力,很可能轻意成为他人猎物的极大风险;蛰伏期漫长的寂寞与等待,以及形体更新的巨痛,等等。

蜕变,是一种生命力的自我强化过程;

蜕变,是造就强者的唯一模式。

蜕变的蛰伏期越长,重新站起来就越坚强,威力也更大。

若无超人的意志与耐心,怎么能等到奇迹的到来呢?

06 忙碌,充实的生命更成功

心理空虚,是指百无聊赖、闲散寂寞的消极心态,是心理不充实的表现。

空虚心理实际是一种社会病,存在极为普遍,是一种危害健康的心理上的疾病,指一个人没有追求,没有寄托,没有精神支柱,精神世界一片空白。

空虚的心理,有的来自对自我缺乏正确的认识,对自己能力过低的估计,终至整天忧郁,思想空虚;或是因自身能力和实际处境不同步,陷入"志大才疏"或"虎落平川"的窘境中,常常感到无奈、沮丧、空虚;或是对社会现实和人生价值存在错误的认识,以偏概全地评价某一社会现象或事物,当社会责任与个人利益发生冲突时,过分地讲求个人的得失,一旦个人要求得不到满足,就心怀不满,"万念俱灰";或是因退休、下岗、失恋、工作挫折、投资失误、经济拮据等导致失落困惑感使然。

要知道,人生在世是艰难的,是不容易的,不会总是有顺境的。生活

做个内心强大的人

在五光十色的大千世界中，不会总是一帆风顺，难免会碰到不顺心不如意的事情，也就必然会有喜、有忧、有得、有失。人，要有点精神，要有所追求，要有精神支柱，要有一种献身精神。

"外面的世界很精彩，外面的世界很无奈"，这就要求人们要面对现实，面对生活，"不以物喜，不以己悲"。无论在什么地方，做什么事情，遇到什么问题，都应该沉着冷静，保持良好的心理，实事求是地应对一切。人老了，退休了，还可奉献余热；下岗了，再求职，作为人生拼搏的第二起点；工作受到挫折，投资失败了，要汲取教训，总结经验，审时度势，东山再起，将其视为成功的"奠基石"。总之，不要灰心，不要气馁，充实自我，战胜空虚，就一定能迎来精神和事业上的光明。

有人说，一个人的躯体好比一辆汽车，你自己便是这辆汽车的驾驶员。如果你整天无所事事，空虚无聊，没有理想，没有追求，那么，你就会根本不知道驾驶的方向，就不知道这辆车要驶向何方。这辆车也就必定会出故障，会熄火的。这将是一件可悲的事情。

很多年轻人说："工作愈忙愈好、愈有干劲、愈有生气。""工作松懈是最要不得的。""只有在忙碌时，才能感觉出青春活力，否则就和暮气沉沉的老头子一样。"其实，并非年轻人如此，年纪大的人也一样，人本来就是喜欢工作，同时也能在工作中得到最大的满足。

人若到了忙得不可开交时，就觉得生命充实、有意义。当忙碌的一天结束时，他心中就有今天工作得很不错的一种满足感和成就感。

年轻人常说："如果我用尽心力忙了一天，到了下班后，依然我还觉得兴奋，连一杯苦涩的咖啡，我也会高高兴兴地喝。"

大部分人对于工作的忙碌，都觉有干劲、有生气。所以，工作忙得不可开交，就是让你觉得自己有干劲、有活力、有自信的最好方法。

一个人如果萎靡不振，那么他脸上必定毫无生气，整个人看起来呆头呆脑、无精打采。那么他做起事来就不可能有朝气、有活力，更不能出成果。世间最难治也是最普遍的病就是萎靡不振。萎靡不振往往使人陷于完全绝望的境地，永远没有希望。一个人要有意识、有意志地让自己拒绝懒散和萎靡不振。方法就是做起事情来要全身心地投入，即使在很疲惫的时候。

当我们对工作倦怠，当某一种目标难以实现，受到阻碍时，不妨转移目标，如除了学习或工作以外培养自己的业余爱好（绘画、书法、打球等），使困扰的心平静下来。当有了新乐趣后，就会产生新的追求，有了新的追求就会逐渐完成生活内容的调整，并从空虚状态中解脱出来，去迎接丰富多彩的生活。

空虚心态往往是在两种情况下出现的。一是胸无大志，二是目标不切实际，使自己因难以实现目标而失去动力。因此，摆脱空虚必须根据自己的实际情况，及时调整生活目标，从而调动自己的潜力，充实生活内容。

劳动是摆脱空虚极好的方法。当一个人集中精力、全身心投入工作时，就会忘却空虚带来的痛苦与烦恼，并从工作中看到自身的社会价值，使人生充满希望。

当一个人失意或徘徊之时，特别需要有人给以力量和支持，予以同情和理解。只有在获得很多人支持时，你才不会感到空虚和寂寞。

读书是填补空虚的良方。读书能使人找到解决问题的钥匙，使人从寂寞与空中解脱出来。读书越多，知识越丰富，生活也就越充实。

07　信念，成功的风向标

世界上只有一种标是随风而动的，那就是风向标。

如果将风向标比作人生，你就会发现它很累，六神无主、无所适从——它永远在风的控制下忙忙碌碌，摇摆不定。

127

做个内心强大的人

对于像风向标一样生存的人来说,人言、专家的论断、众口烁金的定律、游戏规则以及当下的潮流、市场形势等等都是不可抗拒的,他在这些影响下随波逐流,而没有自己真正的方向。

但是拥有自己志向的人,却有着一个不可动摇的坐标。他们有自己的方向,决不会摇摆不定。

信念守恒的人,始终如一,孜孜不倦,他们从不为潮流所迷惑,而是步步为营,永不停步地照着自己的目标努力。

风向标式的人则很容易被人言所改变或击倒。

有个年轻人来到集市上,买了一只山羊,他牵着羊,走在街上。

几个骗子看见了,其中一个对他说:"你牵着这只狗干什么?"

"别开玩笑,这是一只山羊。"

他牵着没走几步,迎面又过来一个骗子。

"你为什么牵着狗哇?你要这狗干吗?"

"这是山羊!"他冒火了。

不过,他开始动摇了:会不会真是一条狗呢?他低头看看这只长着黑胡子的东西,狐疑:狗?这明摆着一只山羊嘛!不过……

又走了几步,他听见有人在喊:"喂,小心,别让这条狗咬着!"

"天哪,我真糊涂!"这人终于大叫起来:"我怎么会把它当成山羊买来啊!"他信了骗子的话,把山羊扔在大街上了,那几个骗子捉住山羊,吃了一顿烤羊肉。

当然,这是一个故事。但现实生活中常常会有这种情况:你要做一件事,拿到了一个好项目,决定做下去,然而,身边的人一致认为"不保险""不可为"。于是,你相信了他们的话,结果是你把一只肥羊当做瘦狗放掉了。

正所谓众智成愚,当你没有自己坚定的信念,而随别人的意见左右摆动时,只能让很多本来可行的事,莫名其妙地变成了"不行"。

第六章 善待梦想，营造美好的人生

我们生活中有很多这样的人：小学一年级时小小班头儿，中学时的团支部书记，毕业后处长、局长、市长……一路攀升到人生的制高点。

其实他的成长很可能只是源自孩童时老师的一句赞扬。

老师表扬他是："好样的，全班的带头人！"

大人都夸他："这孩子将来一定当大官儿！"

他得到一种来自方方面面的"高标准，严要求"，他知道自己必须做得更好，将来才能"当大官"。他觉得自己与众不同，有一种矢志不渝的信念，而这信念约束着他的言行，也督促着他的上进心，直到他一步步走向成功。

当一种信念逐渐演化成一种优良的习惯品质时，无论到任何时候，遇到什么样的挫折，他都不会改变。10年，20年，他永远是这个样子，积极上进，永不放松。

纽约州的黑人州长罗尔斯说过："信念是免费的，人人都可以获得。"

罗杰·罗尔斯这位纽约州历史上第一位黑人州长，却是出生在纽约声名狼藉的大沙头贫民窟。在这儿出生的孩子，长大后很少有人获得较体面的职业。因为在大多数纽约人的眼中，这里的黑人，不是抢匪就是流氓。然而，罗杰·罗尔斯却是个例外，他不仅考入了大学，而且成了州长。在他就职的记者招待会上，罗尔斯对自己的奋斗史只字不提，他仅说了一个非常陌生的名字——皮尔·保罗。后来人们才知道，皮尔·保罗是他小学的一位校长。

1961年，皮尔·保罗被聘为诺必塔小学的董事兼校长。当时正值美国嬉皮士流行的时代。他走进大沙头诺必塔小学的时候，发现这儿的穷孩子比"迷惘的一代"还要无所事事，他们旷课、斗殴，甚至砸烂教室的黑板。当罗尔斯从窗台跳下，伸着小手走向讲台时，皮尔·保罗尔说："我一看你修长的小拇指就知道，将来你是纽约州的州长。"当时，罗尔斯大吃一惊，因为长这么大，只有他奶奶让他振奋过一次，说他可以成为5吨重的

做个内心强大的人

小船的船长。这一次皮尔·保罗先生竟说他可以成为纽约州州长,着实出乎他的意料。他记下了这句话,并且相信了它。从那天起,纽约州州长就像一面旗帜,在他的生命中高高飘扬。他的衣服不再沾满泥土,他说话时也不再夹污言秽语。他开始挺直腰杆走路,他成了班主席。在以后的40多年间,他没有一天不按州长的身份要求自己,并用自己的高尚行为处处影响黑人们的的生活习惯。51岁那年,他真的成了州长。

他在就职演说中说:"在这个世界上,信念这东西任何人都可以免费获得,所有成功者最初都是从一个小小的信念开始的。"

历史上农民起义领袖陈胜一句"王侯将相宁有种乎"给后人无穷无尽的启迪。两千多年来,不知有多少没有根基的人,在这句真理的鼓舞下,成为了影响一个时代的"王侯将相"。所谓"种",对于现代人来讲,其实就是一种在信念支配下的精神与行为。

有了这种信念的支持,你的人生就有了恒久的动力,它指引着你走向成功。

08 努力,成功的机会在你自己手里

有一个佛教徒走进庙里,跪在佛像前叩拜,他发现自己身边有一个人也跪在那里,那个人长得和佛一模一样。他忍不住问:"你怎么这么像佛啊?""我就是佛。"那个人回答道。他很奇怪:"既然你是佛,那你为何还要拜呢?""因为我也遇到了一件非常困难的事。"佛笑道,"然而我知道,求人不如求己。"——想来凡人之所以是凡人,可能就是因为遇事喜欢求人,而佛之所以成为佛,大约就是因为遇事只去求自己!只要我们都拥有遇事求己的那份坚强和自信,我们就会成为自己的佛。

自己都成了"神",命运何足惧?

第六章 善待梦想，营造美好的人生

四岁的小迈克斯上学了。教书的舒曼太太是一位虔诚的基督徒，每次上课之前，她都要领着孩子们祈祷。有一天，舒曼太太给孩子们讲解《圣经》，当讲到"祈祷，就会获得一切"的时候，小迈克斯忍不住站了起来，他皱皱眉头，问道："如果我祈祷上帝，他会给我想要的东西吗？"

"是的，孩子，只要你愿意虔诚地祈祷，你就会得到你想要的东西。"舒曼太太安详且肯定地答道。

小迈克斯特别想得到一块很大很大的面包，因为他家里很贫穷，从来没有吃过那样诱人的面包。而他的同桌、一个金头发的小姑娘每天都会带着一块诱人的面包来到学校。她常常问小迈克斯要不要尝一口，小迈克斯每次都坚定地摇头，但他的心里是多么渴望自己也有一块那样的面包啊！

放学的时候，小迈克斯对金头发的小姑娘说："明天我也会有一块大面包。"回到家后，小迈克斯关起门，无比虔诚地进行祈祷，他相信上帝已经看见了自己的表情，上帝一定会被自己的诚心感动的！然而，第二天起床后，当他把手伸进书包的时候，除了一本破旧的课本以外什么也没有发现。他决定每天晚上坚持祈祷，一定要等到面包降临。

一个月后，金头发的小姑娘笑着问迈克斯："你的面包呢？"

小迈克斯已经无法继续自己的祈祷了。他告诉小姑娘，上帝也许根本就没有看见自己在进行多么虔诚的祈祷，因为，每天肯定有无数的孩子都进行着这样的祈祷，而上帝只有一个，他怎么会忙得过来呢？金头发的小姑娘笑着说："原来祈祷的人都是为了一块面包，但一块面包用几个硬币就可以买到了，人们为什么要花费这么多的时间去祈祷，而不是去赚钱买面包呢？"

小迈克斯决定不再祈祷。他相信小姑娘所说的正是自己想要知道的——只有通过实际的工作才能获得自己想要的东西。而祈祷，永远只能让你停留在等待中。小迈克斯对自己说："我不要再为一件卑微的小东

131

做个内心强大的人

西祈祷了。"他学会如何看待自己的命运。

多年以后,小迈克斯长大成人,当他发表作品的时候,他已经是一名为了理想勇敢战斗的作家了。他再没有祈祷上帝,因为在那无数个艰难的日子中,他都记着:不要为卑微的东西祈祷!只有奋斗和努力是真实的,只有自己的汗水是真实的。相信不可控的命运,不如相信真实的自己。祈祷虚无的上帝,不如付出坚实的劳动。

不要低估自己的潜力。大多数人认为自己知道自己能力的限度,然而,我们所"知道"的大部分东西,其实并不是完全知道的,而只是感到而已。由于人们很少真正认识到自己的能力限度究竟在哪里,以致许多人老是把自己的个人能力估计得低于实际水平。卡费尔德指出:"对自己起限制作用的感觉是做出高水平工作的最大障碍。"具有高标生存境界的人永远都不会让感觉限制自己的斗志。而是努力奋斗、争取,尽最大的可能获取自己想得的一切。

许多人都相信有命运之神掌握着自己的一切,但那些不相信命运、不祈求佛的保佑的人都常常是成功者。他们从不祈求外因,只相信自己的努力。从来就没有什么救世主,好的机遇,好的前景都是我们自己智慧和行动的结晶!

09　发现自己的能力

有人问古希腊犬儒学派创始人安提司泰尼:"你从哲学中获得了什么呢?"

他回答说:"发现自己的能力。"

正是这种能力的获得,使人的思想和情感有了向高尚和纯粹境界提升的可能。

第六章 善待梦想，营造美好的人生

人缺乏发现自己的能力，也是缺乏对自己的审察、怀疑、反省、忏悔的能力，缺乏深入探究事物真相和本质的能力。人便会被自己蒙蔽，糊里糊涂地虚耗和损害自己的生命，甚至给别人、给社会带来伤害。

"不识庐山真面目，只缘身在其山中。"人是很难有自知之明的。如果既没有自知之明而又狂妄自大，就如一个人衣冠楚楚，彬彬有礼，一派绅士风度，却在屁股后面露出一根茸茸的尾巴，让大家忍不住发笑。

发现自己，就是发现另一个自己，发现假面具后面一个真实的自己，发现一个分裂自己的各个部分，发现自己的局部、偏见、愚昧、冷漠、恐惧；发现自己的热情、灵感、勇气、创造力、相形力和独特个性。

事实上，一个人多多少少是分裂的，在分裂的各个自我之间进行平等、理性的对话，正是一个人的内省过程，正是一个人的悟性从晦暗到敞亮的过程。正如真理愈辩愈明，在各个自我之间的诉说、解释乃至激烈的辩论中，人心深处的仁爱、智慧和正义感就可能浮出海面。

安提司泰尼是善于发现自己的。他看到铁是被锈腐蚀掉的，他评论说，嫉妒心强的人被自己的热情消耗掉了——他是在同自己的嫉妒谈话，对自己潜伏着的嫉妒作出严正警告。他常去规劝一些行为不轨的人，有人便责难他和恶人混在一起，他反驳到：医生总是同病人在一起，而自己并不感冒发烧——他是在同自己的德行和自信谈话。他认为：那些想不朽的人，必须重视而公正地生活——他是在同自己的信念谈话……一生与孤独为伴的哲学之父、精神分析大师可尔恺郭尔，更是善于发现自己的人。

他在世时，整个世界都不理解他，甚至敌视和厌弃他。他一方面向整个世界的虚伪和庸俗宣战，一方面回到自己内心，不厌其烦地同自己谈话。

他在短短的一生中写了1万多页日记，他几乎天天在同自己谈话。然而，正是这个"真正的自修者"，这个与人类社会格格不入的"例外者"

做个内心强大的人

充满绝望和激情的自我倾诉,很多年后成为震撼人类精神的伟大启示。

伟大的诗人都善于发现自己。因为只有善于发现自己,这些诗才更具真实性,更有穿透事物的尖锐性。

请看里尔克的作品是怎样写出来的:"不和任何人见面,除了对自己的内心说话之外,绝不开口——这的确是我立下的誓言。"

所谓"对自己的内心说话",就是写诗,写诗就是诗人同自己谈话的一种方式。在同自己谈话的过程中,诗人把自己的生命冲突中体验到的种种图像精确地呈现出来,从而让我们看到了生存的心境、灵魂的锯齿、信念的雪痕以及万物的疼痛。

诗人的声音必然是可靠的、真实的,摒除了所有虚伪、怯懦、狂妄和矫揉造作。世界上最感人的作品往往是作者的内心独白。例如里尔克的《杜伊诺哀歌》、卡夫卡的《城堡》和《变形记》、普鲁斯特的《追忆逝水年华》、西蒙娜·薇依的《书简》等等。

发现自己,既是一种能力和智慧,又是一种德行,一种高贵的人格境界,更是认识自我,走向成功的第一步。

第七章

学会放弃，人生会更高远

一种美德叫坚守，一种美丽叫放弃。能坚守的时候坚守，不能坚守的时候要懂得放弃。人生并非事事如意，事事顺心，应学会放弃。我们在学会选择的同时学会放弃，放弃同样也是另一种选择，这样的人生一定会比只知选择不会放弃的更完美更高远。

做个内心强大的人

01　做生活的强者

　　世界有阴暗也有光明,人生有高峰也有低谷。即便你看到的阴暗面再多,也不是世界的全部;即使黑夜再长,也还会有太阳升起的那一刻。面对社会的阴暗和人生的逆境,的确会产生绝望感。但这作为瞬间的感觉是可以的,假如是作为一种人生的认定就大错特错。你一定要给希望留下一扇窗户。

　　只要是活着,所有的人都会遇到人生的挫折,这没什么可怕。可怕的是你从此认定"一切都完了""活着没意思""死了算了"。上帝关上一扇门,也许会打开另外一扇门。不管怎样的挫败,只要你还活着,就可能重新开始。或许在"一切都完了"的转弯处,正是柳暗花明在等着你呢。

　　当我们面对逆境,承受不期而至的不幸时,产生绝望之情并不奇怪,但请记住,任何困境、逆境都不是绝境,尤其当你是一个有使命的人,就应该想想那没有完成的使命,它往往能够把你从绝望中拯救出来。所以请给自己一个使命吧,或大或小都没有关系,因为它能够给你生的力量。

　　吉姆小时候,有一天,到一间没人住的破屋里玩。玩累后把脚放在窗台上歇着时,一点声响惊得他一跃而起,没想到左手食指上的戒指此时钩住了一只铁钉,竟把手指拉断了。吉姆当时吓呆了,认为今生全完了。

　　几年前,吉姆在纽约遇见个开电梯的工人,他失去了左臂。吉姆问他是否感到不便?他说:"只有在纫针的时候才会感到。"

　　人在身处逆境时,适应环境的能力实在惊人。人可以忍受不幸,也可以战胜不幸,因为人有着惊人的潜力,只要立志发挥它,就一定能度过难关。

　　做生活的强者,让我们活得更精彩!

第七章 学会放弃，人生会更高远

人的一生中总会经历一些不尽人如意的事情，只要我们用自己的智慧，以一颗平常的心去对待，我们就能去避免它，克服它，战胜它！

人生如月，皆有阴晴圆缺，我们大可不必颜随势改，气逐时移，得志时趾高气扬，失意时垂头丧气。无论顺逆得失，平静地接受世界，从容地面对生活，这才是智者的活法。

有时候，人逢吉时好运，一帆风顺，谋官则升迁，想钱便发财，凡事心想事成万般如意。原本平淡的人生此时真如望月中天，亮丽圆满了。这时，升官的不免满面春风，发财的不免脸大气粗，即使评个职称、当个先进或晋一级工资也常会沾沾自喜，觉得优人一等。其实，花开自有花谢时，月圆必有月缺日，且常常是花开之后便是谢，月圆之后即为缺。但人多鼠目寸光，有眼不识事物消长之理，得意便忘形，露出一副小人面目。

有时候，人遭恶时厄运，常是坏事连连，处处不顺，原本光明的人生忽然黯淡下来，如月牙儿一现，如云遮残月。身处逆境之中，或心灰意冷，悲观厌世；或甘于沉沦，自暴自弃；或忧心如焚，白发搔短；或牢骚满腹，恨天不佑。其实有月亏即有月圆，人若于月亏之日想到月圆之时，识得世事易变之理，即可于逆境之中志不衰、气不馁、态不失，达观以处世，宽心以养身，"不管风吹浪打，胜似闲庭信步"。

人若能处顺境作逆境之思，方不失为人本色，保持一颗平常心。为官者不必因权柄在手颐指气使八面威风，有钱人不必因腰缠万贯妄自尊大暴殄天物。如此立身处世待人接物，便无骄横之风、霸道之态，不至于蜕变为隐形之盗贼、衣冠之禽兽，于人于己于社会皆有大益处。

如此面对困厄，必不会怨天尤人蹉跎岁月，必不会奴颜婢膝玷污人格，必不会见利忘义为虎作伥。

做个内心强大的人

02　让生命轻松前行

"二战"中,希特勒以病态的方式屠杀了 600 万犹太人。30 多年后,有个当地的犹太人发现自己正处于重重困扰中:在公司,有个家伙总是在领导面前说他的坏话;他的医生警告他再也不能喝酒,否则会面临肝病恶化的后果;他的情人威胁他,如果不快点和他妻子离婚,就让他身败名裂。但是,尽管如此,如果这个人突然回到 1942 年的奥斯威辛集中营,他会发现他现在的困境简直是天堂。

我们每天碰到的困难当然都很真实,但如果换一个较适当的基点来衡量事物,这些困难也许根本不算困难。

在我们的生活中,我们快乐着、痛苦着、烦恼着、憧憬着。有许多美好的事值得我们记忆并珍藏。可是,在许多时候,我们更应该学会遗忘,忘却那些不用记忆的困惑。时间就是这样,总是把精彩的一刻匆匆带走,留给我们太多的无奈。人们已经渐渐习惯了每天的生活,就这样一天天的过去,抓不住任何时间留下的痕迹,也许这种平淡的日子,就这样直到终老也是一种幸福。

人有时候人真的很奇怪,会莫名其妙的烦躁,此时心情也会随之郁闷起来,只是有人会深藏着自己承受,有人显现迁怒别人。人也许有时会很无奈,明明很伤心,却还要装作很高兴。其实大可不必如此,太刻意的欺骗自己,会适得其反的,喜怒哀乐,自己掌控,很多时候,微笑和眼泪是等值的,这就是生活。

人有时候总会埋怨生活和现实对自己很残酷,其实对自己最残酷的是我们自己。以为所有的痛苦都是别人带给自己的,其实,许多是自己带给自己的,因为有太多的幻想,太多的无奈。我们应该把一切都看得淡漠

第七章 学会放弃,人生会更高远

些,心中的目标才能明确。

一个人生存、生活在世间的时间岁月里,有追求、有渴望、有奋进、有奉献、有坎坷、有失落,它伴随着你的人生,无论是阳光下,还是风雨中,都镌刻着人生的历程,体现着人生的价值。在人生旅途中,我们常常背负着太多的干扰和担忧,走得千辛万苦,结果却不尽人意,因为我们太渴望收获的喜悦和成功的欢快。

生活中虽然有些不尽人意,有些残酷,有太多的无奈。但是,我们必须学会自我调控情绪,排除不良情绪,保持乐观的心态,让自己在愉快的环境中度过每一天。

听说过这样一个故事:老和尚和小和尚过河,来到河边,遇上一个女人,女人让老和尚背自己过河。老和尚犹豫了一下,答应了美丽女人的要求。老和尚把女人背过河后,就放下走了。小和尚跟在后面不高兴了,觉得师父是一个和尚,不能背女人过河。小和尚一路上心事重重,走了很远后,站住对老和尚说:师父,你不能背女人,我们是和尚。老和尚听后,转身对小和尚说:你看,我把女人背过河就放下了,你却到现在还没有放下她。

这个故事很有道理,现如今人们压力很大,工作、家庭、爱情、情感,来自各方面的压力,大家都觉得担子重,心太累。无论来自哪方面的压力,如果选择放下,让心灵有片刻的休息,心情会轻松许多。

不要为以前做的事后悔,那已不能挽回;也不会为以后的事做打算,因为失望总是伴随希望!人慢慢长大,背负着太多的希望,我们已经过了那个可以随便犯错握的年龄,现在我们需要面对的事业、家庭,以及太多得到约束带着让人几乎不能呼吸的面具,披着一层层虚伪,让那束之高阁的心稍事休息。

生活每天都在继续,工作每天都在照旧,每个人都有选择自己生活方式的权利。有时候,一个人应该有所承担,也应该有所放弃。确切的说是

139

做个内心强大的人

放下生活的重担,轻松一下自己,让自己能够缓一缓,喘口气歇息一下。

朋友,不要太勉强自己,也不要太严格地要求自己,放松一下吧,即便什么都不做,地球依然在转,生活依然继续,不会因为你的无作为而停止一切,放下生活的重担,轻松享受生活!

03　放下,欣赏生命的美丽

常听有人好言相劝:"拿得起放得下",这就是一种生活的态度。放下能解脱自己,人生中就是这样,该坚持的坚持,该放下的要放下。有时候放下并非是失去,而是意味着拿起了一把开门的钥匙,要用这把钥匙去开启另一道人生之门。人生的放下与辉煌有时是相辅相成的,没有当放则放的果敢就没有辉煌的成功!有时候我们需要把有些东西放下,如果你舍不得放下就会产生很多麻烦。

有一则寓言,讲一只乌鸦找到了一块很大的食物,觅到这个食物对它来说很不容易,然而一群乌鸦发现了,都盯着它。这只乌鸦不能把这个食物放下,因为那样别的乌鸦就会抢走它的食物,而它也不能将食物一口吞下去,因为那很有可能会噎死自己。于是,这只乌鸦就一直叼着它,试图去找一个安静的、自己可以独吞的地方。这只乌鸦高高飞起,可是别的乌鸦看到它嘴里有食物便蜂拥而起,向它追踪而来。它飞到哪儿,它们就追到哪儿,也许是因为它叼着太累了,也许是喘气喘不匀了,终于它支撑不住了,那块食物从嘴上掉了下去。在很多的乌鸦中,有一只眼疾手快突然冲了上去,率先把那食物抢到了自己的嘴里。于是,这只乌鸦就变成了前一只乌鸦,它又叼住食物不断地飞直至食物掉下来……

这一群乌鸦,它们为什么都吃不到食物?因为它们过于贪婪,不愿与大家分享,大家吃不到,它自己也吃不到。

第七章 学会放弃，人生会更高远

在英国，有位孤独的老人，无儿无女，又体弱多病，于是他决定搬到养老院去。老人宣布出售他漂亮的住宅，购买者闻讯蜂拥而至。住宅底价8万英镑，但人们很快就将它炒到了10万英镑，而且价格还在不断地攀升。老人深陷在沙发里，满目忧郁。是的，要不是自己健康状况不佳，需要有人照顾，他是不会卖掉这栋陪他度过大半生的住宅的。

一个衣着朴素的青年来到老人眼前，弯下腰，低声说："先生，我也好想买这栋住宅，可我只有1万英镑。但是，如果您把住宅卖给我，我保证会让您依旧生活在这里，和我一起喝茶，读报，散步，天天都快快乐乐的。请相信我，我会用整颗心来照顾您！"老人颔首微笑，把住宅以1万英镑的价钱卖给了这位青年。

那位年轻人虽然没有足够的钱，却拥有一颗善良的爱心和肯于负责的精神；那位老人，已经不在乎晚年拥有多少财富，而是寻求自己晚年的安度；两个人都肯于放弃一部分，于是梦想成真。生活并非到处是冷酷的厮杀和欺诈，斤斤计较、抱残守缺、唯利是图、自私自利，这些都是生命不能承受之重。智慧的人懂得适时取舍，勇于放弃，拥有一颗爱人之心，生活由此不同。

人生有些东西必须要放下的。生活中有许多的东西如同乌鸦嘴中的食物，香甜诱人，但不能痴迷和独享，例如名利、权位、金钱，等等。你要去发展，你要去升学，你要去进步，这是可以的，没有人可以拦阻你，但要平衡自己，不能陷入痴迷。

人生常有一些难放下的：

第一是财放不下。是财就要，很多人常常因为这个自食恶果。是财就要，那个财一定归你吗？那个财即使归了你，你很幸福吗？正所谓"奢者富不足，俭者贫有余"。

第二是情放不下。放不下感情的纠葛，各种各样的感情纠葛，使自己深陷其中。如果你真是有一份真心，就会把这份真情与你身边的人分享；

做个内心强大的人

如果你是自私的,就会总想从别人那里索取。这一份情你始终就放不下,今天这边困扰你,明天那边困扰你,于是你就困扰其中,失态丧志了。时时应该告诉自己:珍惜属于自己的,见异思迁就没有深厚的爱;舍去不属于自己的,才能得到更好的。

第三是名放不下。人一定要有名,但这个名是要高尚的、纯洁的,而不能孜孜以求,爱名如命。人活着,不能全为了追求名利,应该还有比名利更为重要的东西。"非淡泊无以明志,非宁静无以致远"。淡泊于名利的沉浮与得失,以自己的生存理念和生活方式,平静地对待生活,而对朋友、同事和亲人。不卑微、不凡俗,不为名利所累,不为人间蜚短流长所左右,宠辱不惊,快乐地工作,真实地生活,这样才有幸福人生。

第四是忧愁放不下。很多人总是活在过去,过去的事情已经发生了,我们无法改变了,我们要着眼未来。人,不可能没有记忆,但人不能只为记忆而活着。从某种角度说,昨天的挫折和不幸对我们是一种打击,但同时也是一种财富。昨天挫败了,痛苦已经承受了,那还有什么值得害怕的呢。整日沉浸于过去,为昨天而流连忘返或是耿耿于怀的人,只能使你被时间慢慢地吞噬,成为岁月的奴隶。

想想看,我们是不是面临取舍时常常疑虑不决,为拥有一些自己并不需要的东西,费尽脑汁想使其不减反增?终日为这些烦恼,长此下去有损身心健康。与其担心会失去,倒不如让它失去好了,换来了心情轻松和愉快,不是更好么?失去了不可求的烦恼,幸福就唾手可得了。

许多事情,总是在经历了之后才会懂得。比如感情,痛过了,才知道要如何保护自己;傻过了,才知道如何适时地坚持和放弃,在得到与失去中我们慢慢地认识了自己。其实,生活并不需要这些无谓的执着,世界上没有什么不能割舍的,生命终究会走到尽头。所以在我们生活的每一个进程中,在情感历程的每一个岔路口,你要学会选择和放弃。学会放弃自己的固执,生活会更轻松,更快乐。记住该记住的,忘掉该忘掉的,让我们用轻松的心态去走好人生的每一步。

收拾起心情,继续走吧,前面还有更精彩的风景等待你去欣赏,放下就是快乐!

04 舍弃不切合实际的欲望

我们身处芜杂的世界,每天有无数新鲜的事物通过媒介报道向我们扑来,我们抵挡不住,我们难以招架,在你刚知道怎么回事,才想进一步深入时,转眼又成为过时信息。如今是快餐时代,人们的心脏猛跳,情绪激昂,没有耐心,没有心情,更不愿意等待。于是浮躁、空虚、消沉充斥人们的内心,他们不明白自己怎么了,没有快乐,没有温情,只有眼前的得失让自己在意。

人的生命有限,时间有限,如果让外界的纷扰占据自己的生活,控制自己的生命,自己就成为生活的奴隶,成为失去灵魂的行尸走肉。如果想过属于自己的生活,想拥有自己的快乐与充实,就必须学会舍弃。舍弃生活中不必要的应酬;舍弃羁绊自己生活的杂念;舍弃不切合实际的欲望,舍弃束缚心灵空间的枷锁,给自己轻松,放飞心灵,放飞生活。日子是自己的,无须模仿什么,不必在意什么,更无需为别人委屈自己、窒息自己。

没有舍弃的人生是无章法的人生,不懂舍弃的人必定是一个失去自我的人。

人不可无名利,但更不可痴迷于名利。为名所累,为利所害,缘于一争。你什么时候放下,什么时候就没有烦恼。不择手段,贪求名利,终将自毁前程。该放下的要放下,该分享的要分享。

这样一则故事:

一个人觉得生活很沉重,便去见智者,寻求解脱之法。智者给他一个

做个内心强大的人

篓子背在身上,指着一条石子路说:"你每走一步路就捡一块石头放进去,看看有什么感觉。"那人说很沉重。智者告诉他:"这就是为什么感觉生活越来越沉重的道理。生活中我们不断地捡东西放在心里,于是越来越累。"那人问:"有什么办法可以减轻这沉重吗?"智者问他:"你愿意把工作、爱情、家庭、友谊、金钱、地位、名声哪一样拿出来扔掉呢?"那人不说话了。

由此看来,人这一辈子只有两个时候最轻松:一是出生时,赤条条而来,背着空篓子;一是死亡时,把篓子里的东西倒得干干净净,然后赤条条而去。除此之外就是不断往篓子里放东西的过程。心为形役,所以会感觉到累,可是又不愿放弃篓子里的东西,因为每放弃一样东西,心是会流血的!痛苦失落的时候,痛哭、怨恨、迷茫都于事无补,只有自己想明白了才行。有些事既然不能放弃追求,就要承受为追求理想可能承担的苦痛。其实放弃很容易承担很难,抱怨很容易理解很难,人生短暂,我们学习豁达些、宽容些、懂得舍弃,不难为自己,也许就能活得轻松些。

放弃那些力所不及的不切实际的幻想,放弃盲目扩张的欲望,放弃那些我们不想拥有的和那些对自己毫无意义的、甚至有害的东西,放弃一切该放弃的东西,瞄准自己的大目标,全力以赴,努力拼搏,才会成就一番大事业。

人的一生,总是怀着无边的欲望,企图更多的占有,并将这种占有美化,寻找出种种借口,比如有追求,上进心强等等。我们以为自己拥有的越多,就会离幸福越近。许多人不管自己的驾驭能力有多大,得陇望蜀,这山看着那山高。

即使占有的东西原本没什么大用,也不愿舍弃,即使心灵已经很累,也不怕再增加沉重的负担,我们全部的错误在于愚蠢的坚持。从出生到长大,我们耳边总是塞满别人的嘱托和规劝:刻苦学习,力求上进,为拥有令人羡慕的事业而奋斗,为拥有幸福美满的人生而拼搏。上学要上清华北大,甚至哈佛或麻省理工学院;从商则要做不了比尔盖茨,也要做李嘉诚。

不管这些目标是否切合实际,是否能够企及,几乎所有的人总是在告诫我们,拥有知识,拥有财富,拥有权势,拥有……问题是这些要求往往让我们无所适从。究竟哪些蛋糕适合我们的胃口,哪些美丽的花朵更适合我们去欣赏或采摘。

什么选择是正确的、确实可行的,只会指手画脚的人们不了解你以及你的处境,因而谁也给不了你正确的建议。所以,我们仅仅学会拥有是不够的,仅仅学会拥有也是不现实的,还必须学会放弃。只有学会放弃,才可能更好的拥有。放弃其实就是一种选择。走在人生的十字路口,你必须学会放弃比适合自己的道路,面对失败,你必须学会放弃懦弱;面对成功,你必须学会放弃骄傲;面对弱者,你必须学会放弃冷漠。我们只有在困境中放弃沉重的负担,才会拥有必胜的信念。放弃我们必须放弃的、应该放弃的,我们才可能更多的拥有。因为只有虚怀若谷,才可能吞云吐雾,只有浩瀚如海,才可能不择江河。

05　做最好的自己

你一定知道,"西方女神维纳斯"吧?曾听说过这样一则消息:许多大雕塑家试着给这位美女添加双臂,可结果令世人大为惊叹的是,无论哪种姿态的双臂都反而使原本光彩照人的维纳斯,不再拥有那种含而不露、神秘而脱俗的气质了。人们都说,维纳斯之所以如此迷人,很重要的一点就是由于她的断臂,它使美不再纯粹,使人们由残缺的美产生万千联想。由此,我们不能不承认:残缺也是一种美!

残缺只有在不因残缺而灰心丧气才是美!人们喜欢那些在风雨中依

做个内心强大的人

然屹立的朋友,在逆境依然前进的朋友。不管什么样的残疾,只要是坚强的,人们都喜欢在残缺身体中那颗坚强的心。

有个人不堪忍受自己坎坷的命运,祈求上帝改变自己的命运。上帝对他说:"如果你在世间找到一位对自己命运满足的人,你的厄运即可结束。"于是他走到皇宫,询问国王:"您对自己的命运满意吗?"国王说:"我日夜寝食难安,担心国家,担心王位,还不如一个快乐的流浪汉!"于是他找到一个流浪汉问了同样的问题,流浪汉说:"我一天到晚食不果腹,怎么对自己的命运满意?"他接着访问各行各业的人,他们都在叹息自己的命运。他有所领悟,不再抱怨有残缺的生活。

"聪明的人是其心灵的主人;愚蠢的人是其心灵的奴隶。"或许你不是完美的,要知道,这个世界上没有完美的人,不完美并不是什么至关重要的事,只要你在不完美的基础上把每一件事都做得完美就可以了。做最好的自己,做快乐的自己,一步步向成功迈进。?

生活就是这样的,你不可以太过苛求,在放大镜甚至是显微镜下面,没有什么东西是完美的。人生就是要有很多不完美之处,每个人或许都会有或这或那的缺陷。有时候我们总是想要有一个完美的人生,其实,没有缺憾我们就无法去衡量完美。

人生是充满缺陷的旅程。从哲学的意义上讲,人类永远不会满足自己的思维空间和自己生存的环境、自己的生活水准。这也就决定了我们人类在不断创造、追求。人生没有缺陷也许就意味着圆满,绝对的圆满便意味着没有希望,人如果没有了追求,便意味着停滞。人生圆满了便会停止了追求上进的脚步。

在人生活要求的标准衡量下,生活不能够尽善尽美,更不会那么尽如人意,正是因为有了残缺,使我们的生活才会有梦,有希望。当我们为梦想和希望而付出的努力的同时,我们就已经拥有了一个完美的自我。

追求完美究竟是什么意思呢? 有些人以争取高水准为乐,他们要求的是卓越表现,这种健康的追求,并非我们所说的"追求完美"。但"追求完美的人"却强迫自己达到不可能的目标,并且完全用成就来衡量自己的价值。结果,他们便变得极度害怕失败。他们感到自己不断受到鞭策,同时又对自己的成就不满意。事实证明,强逼自己追求完美不但有碍健康,还会引起像沮丧、焦虑、紧张等情绪不安的症状,而且在工作效果、人际关系、自尊心等方面,亦会自招失败。

我们必须研究一下,为什么追求完美的人特别容易情绪不安?为什么他们的工作效果会受到损害?

其中一个原因就是,他们以一种不正确和不合逻辑的态度看待人生。追求完美的人最普遍的错误想法,就是认为不完美便毫无价值。譬如说,一个每科成绩取得甲等的学生,由于在一次考试中有一科拿了乙等成绩,因而大感沮丧,认为那就是失败。这类想法引致追求完美的人害怕犯错误,而且一旦犯错误后又做出过分的反应。

他们的另一个误解是相信错误会一再重复,认为"我永远都不能把这件事做对"。追求完美的人不会自问能从错误中学到什么,而只是自怨自艾,说:"我真不该犯这样的错误,我绝不能再犯了!"这种自责态度导致产生一种受挫和内疚的感觉。反而会使他们重复犯同样的错误。

你也可以用反躬自问的方式来抗拒追求完美的思想,例如,"我从错误中可以学到什么?"你可以做个实验,想想你犯过的一项错误,然后把从中得到的教训详列出来。千万别放弃犯错的权力,否则你便会失去学习新事物以及在人生道路上前进的能力。你要牢记,追求完美心理的背后隐藏着恐惧。

人生是没有完美可言的,生活中处处都有遗憾,这才是真实的人生。因而人不能苦于那种"完美"的追求之中,只会留给我们更多的遗憾。

"岂能尽如人意,但求无愧我心",生活中有着太多的不如意,如果事事苛求完美,生命也就毫无快乐可言。当你面对不幸与挫折的时候,不妨

147

做个内心强大的人

静下心来想一想,如果你已经尽了自己最大的努力,又有什么值得遗憾的呢?生活中如果尽善尽美,那我们的人生又有什么意义呢?

06　笑看输赢,心安人生必定美

孟子说:"穷不失义,达不离道。穷不失义,故士得已焉;达不离道,故民不失望焉。古之人,得志,泽加于民;不得志,修身观于世。穷则独善其身,达则兼善天下。"在不得志的时候也不忘记义理,在得志的时候更不违背正道。孟子还认为君子是不受外界动摇的,只要不做欠缺仁德、违反礼义的事,则纵使有什么突然降临的祸患,也能够坦然以对,不以为祸患了。

孟子本人不仅坐而言,而且早已起而行,达到那种境界了。有一次,公孙丑问他:"倘若夫子做到齐国的卿相,得以推行王道政治,则齐国为霸诸侯、称王天下,也就不算什么稀奇事了。可是当您实际担负这项重职时,也能够做到毫不动心的境界吗?"

孟子回答:"是的,我四十岁以后不动心了。"那么,如何才能达到这个境界呢?孟子列举了两个方法,即"我知言"与"我善养吾浩然之气"。

第一,所谓"知言"是指能够理解别人所说的话,同时也能明确地判断。《孟子》中讲,"听到不妥当的话,就知道对方是被私念所蒙蔽;听到放荡的话,就知道对方心里有邪念;听到邪僻的话,就知道对方行事有违反正道的地方;听到闪烁不定的话,就知道对方已经滞碍难行了。"换言之,拥有这种明确的判断力,就不会被那些无关痛痒的小事所愚弄,更不会因而动摇自己的心意了。

第二,"浩然之气"。公孙丑问孟子,何谓浩然之气?孟子说:"难言也。其为气也,至大至刚;以直养而无害,则塞于天地之间。其为气也,配义与道,无是馁也。是集义所生者,非义袭而取之也。行有不慊于心,则馁矣。"这段话的大意是,这种气极其广大、刚健,若能对自己所行的正道抱着相当的自信,以这种方法来培养它,就能充塞于天地之间。但它只是配合着道与义而存在的,若缺乏道与义,则浩然之气也就荡然无存了。只有在反复实行道与义时,才能够自然而然地获得。如果仅是偶一为之,就不可能获得。总之,首先要对自己所从事的合乎正道之事抱着坚定的信念,然后才能产生"浩然之气"。

在《论语》中有"孔子绝礼于陈"的故事。孔子带着弟子们周游列国时,在陈卷入政治纠纷中,连吃的东西都没有,连续几天动弹不得。最后,弟子子路忍不住大叫:"君子也会遇到这种悲惨的境遇吗?"孔子对于子路的不满视而不见,只是淡淡地回答:"人的一生都会有好与坏的境遇,最重要的是处在逆境时如何去排遣它。"

荀子根据这段故事指出:"遇不遇者时也。"任何人的一生总会有不遇的时期,无论从事什么工作,都会有和预期相反的结果。长此以往,任何人都不免产生悲观情绪。然而,人生并不仅有这种不遇的时候。当云散日出时,前途自然光明无量。所以,凡事必须耐心地等待时机的来临,不必惊慌失措。相反,在境遇顺利的时候,无论做什么事都会成功;可是总有一天,不遇的时刻会悄然来临,因此,即使在春风得意之时也不要得意忘形,应该谨慎小心的活着。

我们应采取顺境不骄矜,逆境不颓废的生活态度。

有个可以快乐起来的方法,那就是改变我们思考的重心,试着去想美好的东西。不是抱怨你的薪水,而是感激你拥有一份工作;不是期望你能去夏威夷度假,而是想到你家附近亦有乐趣。

富足之心是宁静的。个性并不害怕孤独,反而赞美它。孤独是个性最美好的一部分,原本就不存在能不能忍受的问题。

笑看输赢的人总是能够给自己留出时间,享受独处的欢乐,整理往事、展望前程,想象出类拔萃的美好生活。内心贫乏的人,生性急躁,喜欢

做个内心强大的人

喧嚣和热闹,一刻也离不开从他人眼中找寻自己赖以生存的保障,独处将备感寂寞,但自身环境却又窄得令人窒息。

笑看输赢的人,独自承受个性滋润、修身养性。他享受宁静和孤寂,在反省中看见自身的不足。他把自己准备得很充分,再投入步调紧凑的生活中去。

笑看输赢的人愿意任意地帮助他人,不求名不求利不求回报。他知道内心里献出东西,依旧会从内心里产生出来。他就像自己的一家能源工厂,生产力很高,永远能提供满足。笑看输赢者对损失看得很淡。他相信相对于整体而言,损失的不过是小小的局部。他们不会不能释怀,不会老是对自己怨艾和指责,知道谁都有犯错的时候,他们勇于承认错误,并宽恕自己和他人,他只是采取行动来挽回损失,满心喜悦地做着自己能力范围内的事。

07　正确的看待失去,人生才会成熟

金代禅师非常喜爱兰花,在寺旁的庭院里栽培了数百盆各色品种的兰花,讲经说法之余,总是全心地去照料,大家都说,兰花好像是金代禅师的生命。

一天,金代禅师因事外出。有一个弟子接受师傅的指示,为兰花浇水,但一不小心,将兰花架绊倒,整架的盘兰都打翻了。

弟子心想:师父回来,看到心爱的盆兰这番景象,不知要愤怒到什么程度?于是就和其他的师兄弟商量,等禅师回来后,勇于认错,且甘愿接受任何处罚。

金代禅师回来后,看到这件事,一点也不生气,反而心平气和地安慰弟子道:"我之所以喜爱兰花,为的是要用香花供佛,并且也为了美化禅院

第七章 学会放弃，人生会更高远

环境，并不是想生气才种的啊！凡是世界上的一切都是无常的，不要执着于心爱的事物而难割舍，因为那不是禅者的行径！"

金代禅师的"不是为了生气而才种花"的禅功，深深地感染了弟子们。世间的事物变化无常，我们不必执着于心爱的事物而难以割舍。毕竟，我们喜爱一种事物的初衷，并不是因为失去它时要伤心。人生中的很多东西既然已失去，不妨就让它失去吧。

法国军队从莫斯科撤走后，一个农夫和一个商人在街上寻找财物，他们发现了一大堆未被烧焦的羊毛，两个人就各分了一半捆在自己的背上。归途中，他们又发现了一些布匹，农夫将身上沉重的羊毛扔掉，选些自己扛得动的较好的布匹，而贪婪的商人却将农夫所丢下的羊毛和剩余的布匹统统捡起来。重负让他气喘吁吁，缓慢前行。

走了不远，他们又发现了一些银器，农夫将布匹扔掉，捡了些较好的银器背上，商人却因沉重的羊毛和布匹压得他无法弯腰而作罢。

突降大雨，饥寒交迫的商人身上的羊毛和布匹被雨水淋湿了，他踉跄着摔倒在泥泞当中，而农夫却一身轻松地回家了，变卖了银器，过起了富足的生活。

人生在世，有得有失，有盈有亏。有人说得好，你得到了名人的声誉或高贵的权力，同时就失去了做普通人的自由；你得到了巨额财产，同时就失去了淡泊清贫的欢愉；你得到了事业成功的满足，同时就失去了眼前奋斗的目标。我们每个人如果认真地思考一下自己的得与失，就会发现，在得到的过程中也确实不同程度地经历了失去。整个人生就是一个不断地得失反复的过程。

一个不懂得什么时候该失去什么的人，就是愚蠢可悲的人。谁违背这个过程，谁也会像贪婪的那种人，累倒在地，爬不起来。谁能坦然地面对失去，谁就有可能换来幸福、美满的人生。居里夫人的一次"幸运的失去"就是最好的说明。

151

做个内心强大的人

1883年,天真烂漫的玛丽亚(居里夫人)中学毕业后,因家境贫寒无钱去巴黎上大学,只好到一个乡绅家里去当家庭教师。她与乡绅的大儿子卡西密尔相爱,在他俩计划结婚时,却遭到卡西密尔父母的强烈反对。这两位老人深知玛丽亚生性聪明,品行端正。但是,贫穷的女教师怎么能与自己家庭的钱财和身份相配称呢?父亲大发雷霆,母亲几乎晕了过去,卡西密尔屈从了父母的意志。

失恋的痛苦折磨着玛丽亚,她曾有过"向尘世告别"的念头。玛丽亚毕竟不是平凡的女人,她除了个人的爱恋,还爱科学和自己的亲人。于是,她放下情缘,刻苦自学,并帮助当地贫苦农民的孩子学习。几年后,她又与卡西密尔进行了最后一次谈话,卡西密尔还是那样优柔寡断,她终于砍断了这根爱恋的绳索,去巴黎求学。这一次"幸运的失恋",就是一次失去。如果没有这次失去,她的个人历史将会是另一种写法,世界上就会少了一位伟大的科学家。

学会习惯于失去,往往能从失去中获得。得其精髓者,人生则少有挫折,多有收获;人会从幼稚走向成熟,从贪婪走向博大。

08 降低欲望,得到人生的幸福

人不能无欲,无欲则让人懈怠慵懒,不思进取。然而,人的欲望往往与他企盼达到程度有着不可逾越的沟坎,放纵欲望,没有节度,只能是事与愿违。"养心莫过于寡欲"。减少一分欲望,也就减少一分累赘,减少一分愁苦,减少一分精神沉疴。与其跨前一步跌入无边无涯的欲海颠簸挣扎,莫如退后一步立于水湄之上看天高地阔。从凡尘俗间的嚣声与灰屑中,腾出一湾宁静澄明的空间,让心灵的寡欲之舟轻轻停泊,你就会体会到生命存在的真实价值和人生的真正富有。

第七章 学会放弃，人生会更高远

在口头上，绝大多数人都希望自己的生活能够达到"简单并幸福着"的最佳状态，但是他们真能做到吗？毫无疑问，这是一个大大的问号。为什么呢？因为大家都会被实实在在的生活压得喘不过气来，甚至头晕眼花。实际上绝大多数人不堪承受生命之重，因为他们被占有物质财富——好房、名车、高收入、高开销等的欲望折磨得疲惫不堪。其实，物质财富并不像很多人想象的那样重要。事实上，有许许多多的人是在令人难以察觉的绝望状态下生活的。

其实回头看看，你们已经拥有了许多，为什么不微笑呢？

当你对薪水的多少感到很不满意的时候，不如想想你至少还拥有一份工作，比起很多失业的人来说，这已经是件幸运的事了。当你假日里没有条件去一个你向往已久的旅游胜地时，不如想想，"待在家里的乐趣也不少！"你可以遇到很多像这样的事，每次当你注意到自己又落入"我希望生活能更好"之类的情况时，请就此打住，重新开始。先深吸一口气，回想生活中仍有自己应该感激的事情。

当你能够不再妄想更多时，你就能珍惜你所拥有的一切，心里的不满与空虚就会随之消失。只要你不再老抱怨自己还有很多东西没有得到，你的生活一定会其乐无穷的。多注意自己所拥有的，别过分贪心妄想，你就会发现生活其实很美好。兴许，你会在生活中第一次感受到什么叫真正的幸福与满足。

有一个从事房地产的年轻人，经过几年的打拼，在本地已小有名气了。他每天的生活就像上足劲的发条一样，被传真、资料、甲方以及各种方案充塞得满满的。

一天，他加班到很晚。从公司出来后，走了很远的路也没有叫到车。走得热了，他停下来，解开领带，仰头出了口气。这时，他吃惊地看见星星在丝绒般的夜幕中闪烁着，洋溢着一种无言的美丽。一如他大学毕业前的最后一晚，几个要好的同学躺在学校图书馆前的草坪上看到的那样。

153

做个内心强大的人

那一晚,他们深深被血脉中扩张的青春激动着,广袤的星空与未来的前途一片光明。

从那以后,他几乎再也没有时间去注视过夜晚的星空了。因为从他走入社会,他一直保持着弯腰向前奔跑的姿势。太忙了,欲望总在膨胀,目标总在前方,于是他不停地向前奔跑着……每个夜晚的这个时刻,他多半在应酬或是在作楼盘计划和方案,他从没有想过哪怕透过一扇小窗,去望望宁静的夜空,倾听心灵一些细小的声音。

今天,当自己站在这静谧的星空下,他突然想起以前在大学看过一位日本餐饮业巨头总结的成功之道:在其连锁店中能提供给顾客的,永远是17厘米厚的汉堡与4℃的可乐。据他的研究人员研究发现,这是令客人感觉最佳的口感。当然,你也可以选择把汉堡做成20厘米厚,把可乐加热到10℃,但它们并不意味着最佳口感。

对于幸福,其实也只要17厘米和4℃就够了。幸福,它是一路上持续发生的,就如深夜静谧而美丽的星空所带给人的震撼,而非那个令人疲惫的终极雪球。

有位著名的心理学家说:"一个人体会幸福的感觉不仅与现实有关,还与自己的期望值紧密相连。如果期望值大于现实值,人们就会失望;反之,就会高兴。"的确,在同样的现实面前,由于期望值不一样,你的心情、体会就会产生差异。

一只老猫见到一只小猫在追逐自己的尾巴,便问道:"你为什么要追自己的尾巴呢?"小猫回答说:"我听说,对于一只猫来说,最为美好的便是幸福,而这个幸福就是我的尾巴。所以,我正在追逐它,一旦我捉住了我的尾巴,便得到幸福。"

老猫说:"我的孩子,我也曾考虑过宇宙间的各种问题,我也曾认为幸福就是我的尾巴。但是,我现在已经发现,每当我追逐自己的尾巴时,它总是一躲再躲,而当我着手做自己的事情时,它却形影不离地伴随着我。"

同样道理,在现实生活中,人们总是喜欢拼命地追求、索取,以为这样便可以得到幸福,殊不知,当你费尽心机地实现了这个目标,消除了一个烦恼,很快你又会有新的没有实现的目标,你又会烦恼。如此反复,永无尽头。事实上,人们追求的东西往往是自己并不需要的。

其实,追求幸福最有效率的方法就是"降低你的欲望"。通过心理调节,使自己能够平静地对待目标,从而减轻或消除心理负担。欲望低了,心事少了,自然也就吃得下、睡得着了,幸福也就会悄然而至。在世界上所有获得幸福的途径中,这种方法的投入产出比最高,它基本上不用你花一分钱,有时甚至能省钱。

一位智者说:"人生不同的结果起源于不同的心态。"的确,假如世界变得灰暗,那是你自己心中不够灿烂。只要降低一份欲望,你便会得到一份幸福。

09　不执着,让人生自在洒脱

佛家讲:人世间所有的痛苦都是源于执着。

有的人因为对"有"的认识不足,总是在有所得的心态下生活,人生的一切似乎都能令我们生起执着。在生活中,执着地位、执着财富、执着事业、执着信仰、执着情感、执着家庭、执着生存的环境、执着拥有的知识、执着人际关系、执着自身的见解、执着技能所长等。由于执着的关系,对人生的一切都产生了强烈的占有、恋恋不舍的心态,执着给我们的人生带来了种种烦恼。

在现实社会中,人人都有执着,因为执着不同,那么各人对"有"的追求也不一样。比如女孩执着于服饰,她会关心社会上各种流行的服装款式,她会时常想着自己应该穿什么样的衣服才漂亮;她会去注意每个人穿

做个内心强大的人

的衣服是否合身,她会想法赚钱搞到自己喜欢的衣服,当她还没有穿上衣服时,面对衣柜中琳琅满目的时装会不停地挑选上好一阵,当她穿上衣服的时候,会在镜子前晃上好长时间。因为对衣服的执着,以至于让衣服占据她思维的大部分空间。过于执着服饰的人,有时就会忽略了生命的内在美。

在唐朝有位叫懒残的禅者,由于他修行上的造诣远近闻名。有一天,皇上派了使者来请他,此时禅师正在山洞中烤芋头吃,使者宣读了皇上的圣旨,禅师睬也不睬。时值冬天天气很冷,禅师冻得流着鼻涕,使者见状,劝禅师擦去鼻涕,禅师说:我没有工夫给俗人揩鼻涕。禅师有首写照自己生活的诗,可见他的潇洒自在:

世事悠悠,不如山丘;青松蔽日,碧涧长流。山云当幕,夜月为钩;

卧藤萝下,块石枕头。不朝天子,岂羡王侯?生死无虑,更复何忧!

水月无形,我常只宁;万法皆尔,本自无生。兀然无事坐,春来草自青。

禅者隐居山林之中,面对青山绿水,一瓶一钵,了无牵挂,对于他们来说,生死都已不成问题了,还有什么可以值得他们操心呢?

佛陀时代,有一位跋提王子,在山林里参佛打坐,不知不觉中他喊出了:"快乐啊!快乐啊!"佛陀听到了就问他:"什么事让你这么快乐呢?"跋提王子说:"想我当时在王宫中时,日夜为行政事务操劳,处理复杂的人际关系,时常又要担心自身的性命安全,虽住在高墙深院的王宫里,穿的是绫罗锦缎,吃的是山珍海味,多少卫兵日夜保护着我,但我总是感到恐惧不安,吃不香睡不好,现在出家参佛了,心情没有任何的负担,每天都在法喜中度过,无论走到那里都觉得自在。"

"无挂碍故,无有恐怖"。有情因为有执着、有牵挂,对拥有的一切都足以产生恐怖,比如一个人拥有了财富,他会害怕财富的失去,想法子如何保存它;拥有地位,害怕别人窥视他的权位;拥有色身,害怕死亡的到来；穿上一件漂亮的衣服，怕弄脏了；谈恋爱，害怕失恋；拥有娇妻，害怕被别人拐去或跟谁跑了；黑夜走路，害怕别人暗算；在大众场合说话，害怕说错了丢面子。总之，对拥有的执着牵挂，使得我们终日生活在恐怖之中。

智者看破了世间的是非、得失、荣辱，无牵无挂，自然不会有任何恐怖。就像死亡这样大的事，在世人看来是最为可怕的，而禅者却也一样自在洒脱。

唐朝的德普禅师在他死之前，把所有的门徒全召齐了，问大家："我死了以后你们准备怎样对待我啊？"弟子们立刻表示："我们会以丰盛的果物来祭拜，开追悼会，写挽联。"禅师说："我死了，你们祭我、拜我，我又看不到，不如趁我现在活着，举行这些仪式，让我开心以后再死，好不好？"弟子们听了面面相觑，但又不敢违师命，于是布置灵堂，准备了珍馐美味，写祭文，举行隆重的祭拜仪式，禅师吃饱看足了，很高兴，对弟子们嘉奖一番，悠悠坐化。

第八章

包容感恩,让你的青春辉煌灿烂

哲学家康德说:"生气,是拿别人的错误惩罚自己。"优雅的康德大概是不会有暴风骤雨的,心情永远是天朗气清。别人犯错了,我们为此雷霆万钧,那犯错的该是我们自己了。包容和感恩是一种风度,一种境界,一种魅力,是一笔宝贵的精神财富,也是健身的良药。生命之花,需要宽容的春雨甘露来浇灌和滋润。谁拥有宽容,谁就能拥有健康,拥有幸福,拥有美丽的金色的年华。

做个内心强大的人

01　心存希望,危急就可转化为成功

　　心存希望是走向成功必不可少的一种品质。心中充满希望,就能以坦然的心情看待挫折和打击,就能在困难中看到光明,在逆境中找到出路。即便是在黑暗中也能发挥自己的特长,激励自己的热情,开掘自己的潜能。成功的人往往在顺境中心存感恩,在逆境中心存希望！无论你是否看得清未来,无论你的前途是否仍处于暗淡之中,只要希望之火不灭,你就一定会凭着它找到出口。

　　有一个农民在翻越一座山时,被一个土匪撞见。农民吓得躲进了一个山洞,土匪也穷追不舍地跟进了山洞。农民没有土匪身手敏捷,没逃几步就被抓住了。农民遭到了一顿毒打,还被抢走了身上所有的钱财,包括一盏夜间照明用的灯。土匪不许农民跟着自己出山洞,命令农民第二天再走,农民就老老实实地待在原地。

　　这山洞千回百转,极深极黑,且洞中有洞,纵横交错,活像一个地下迷宫。土匪暗自高兴自己从农民那里抢来了照明灯,于是他借着亮光在洞中行走。光亮使他能看清脚下的石块,周围的石壁。可是虽然他不会碰壁,不会被石块绊倒,但是,他走来走去,却总是走不出这个洞,反而越走越深。

　　老实的农民等了很久,才开始出山洞。没有照明,农民就摸黑行走,他在黑暗中摸索行走得十分艰辛。他不时碰壁,还不时被石块绊倒,弄得浑身很脏。但伤痛并没有让他失去希望,他一步步慢慢地行走着。正因为他置身于一片黑暗中,所以他的眼睛就更为敏锐,能够感受到洞口透进来的微弱的光线。他迎着这缕微光摸索爬行,最终找到了出口,逃离了山洞。

　　许多身处黑暗的人,虽然磕磕碰碰,历经各种磨难,但最终走向了成功;而另一些人往往被眼前的光明迷失了前进的方向,所以终身与成功无缘。每个人都会经历人生的黑暗期,这些黑暗就是挫折和困难,它打击我们

的自信,让我们看不清前方的路,但只要希望不灭,我们就会信念永存。困境会磨砺人的意志,练就人的谨慎细心,也磨练了人对成功的毅力。所以,困境就像黑暗,虽然每个人都不喜欢,但它却是一笔财富,困境中的人比一帆风顺的人更容易迈向成功,更容易听到成功的呼唤,就像黑暗中的人更容易感受光明的指引一样。

一次,拿破仑在与敌军作战时,遭遇顽强的抵抗,队伍损失惨重,形势非常危险。没有援军,自己的人员又日渐减少。许多人都以为这次必败无疑,但拿破仑没有放弃打胜仗的希望,他的雄心在困境中越发地被激起。

他准备带领士兵们冲锋的时候,一不小心掉入泥潭中,被弄得满身泥巴,狼狈不堪。可此时的拿破仑浑然不顾,内心只有一个信念,那就是无论如何也要打赢这场战斗。拿破仑大吼一声"冲啊",他手下的士兵被他坚强的意志所鼓舞,一时间,将士们群情激昂、奋勇当先,最终取得了战斗的最后胜利。

人一生会遇到很多逆境,但每遭受一次挫折,我们对生活的认识会更全面一点;每失败一次,对成功的觉悟会提高一阶;每不幸一次,对快乐的内涵会深刻一层。所以,身处黑暗的逆境,我们更能找到自己的价值,发掘自己的潜能。当逆境出现,我们反而更加不能丧失希望,而是要鼓励自己坚持走下去。因为逆境是赋予我们寻找自我价值的大好机会,黑暗中我们更能爆发潜力,冲破重围。

美国的大发明家爱迪生,小时候家里买不起书,买不起做试验用的器材,他就到处收集瓶罐。一次,他在火车上做试验,不小心引起爆炸,车长打了他一记耳光,他的一只耳朵就这样被打聋了。生活上的困苦,身体上的缺陷,并没有使他放弃自己的理想,他更加勤奋地学习,终于成为举世闻名的发明家。

苏联著名作家高尔基从小就饱尝人间的辛酸,生活的艰辛也没有使他放弃自己深爱的文学。即使做活累得腰酸背痛,他也不肯放弃一刻时

做个内心强大的人

间去看书,还常常在老板的责骂下偷学写作,终于成为著名的作家。

当你困惑时,当你身处逆境时,要不停地跟自己说:只要希望不灭,就一定能摆脱现状!在恶劣的情形中,只要专注于寻找出路,并相信自己必可跳出这个困局,就会摸索到机会,把危机化为转机。如果你被黑暗蒙蔽了双眼,失去了信念,放弃了自己的希望,那你就永远逃不出黑暗的魔爪。

02　心中充满爱,人生必定成功

作家雨果说过:人世间没有爱,太阳也会死。

教育家盛雏柏老先生说:当人们充满爱心时,全身细胞走向生命的最佳状态,不仅产生抗病因子,而且爱心是孩子成人成材的基本条件,也是一个人生存的基本条件;一个孩子如果连生他养他的父母都不爱,那么他会爱别人吗?如果我们身边刚招来一位新同事,他没有爱心,大家谁还愿意跟他交朋友,因为他太自私了,也太没有爱心了。

每一个孩子来到这个世界上,首先是父母双方共同爱的结晶,因为爱,这个世界上的动物,植物才会存在,没有爱这个世界将不复存在,就像一首歌词那样:只要人人都献出一点爱,这个世界充满了美好的人间。中国的古代圣贤讲凡是有皆需爱,天同履,地同在,用全身的爱来迎接今天。因为这是一切成功的秘密,强力能够劈开一块盾牌,甚至毁灭生命,但是只有爱才有了无与伦比的力量,使人敞开心扉,在掌握爱的艺术之前,我们每个人都只是毫不起眼的一个普通人,要让爱成为我们最大的武器,因为没有人能抵挡它的威力。

别人也许会反对你的言谈,他们也许会怀疑你的真诚,他们也许看不起你的外表,但是你的爱心一定能温暖周围的人,就像太阳的光芒能溶化冰冷的泥土。

要用全身心的爱来迎接每一天。

第八章 包容感恩，让你的青春辉煌灿烂

　　从今往后，你要学会一切都满怀爱心，这样才能使你充满活力。太阳温暖了我们的身体；雨水，净化了我的灵魂；光明为我们指引道路，黑夜让我们看到星辰。我们应该学会热爱大自然所赐予我们的一切！尽情拥抱快乐吧，坦然面对悲伤吧，拥抱使你心胸开阔，它会升华你的思想。

　　与其诅咒敌人，仇恨敌人，不如赞美敌人，让敌人成为自己的朋友。我们要常想理由赞美别人，绝不搬弄是非，道人长短。想要批评人时，咬住舌头；想要赞美人时，高声表达。对待朋友，我们更应该常常鼓励、支持，朋友也会真心地对待你！飞鸟、清风、海浪，自然界的万物不都在用美妙动听的歌声造福着我们，我们也要用同样的歌声赞美大自然。"滴水之恩，涌泉以报"，你要恪守这个原则，因为它将改变你的生活。

　　我们要包容每个人的言谈举止，因为人人都有我们钦佩的地方，虽然有时不易察觉。我们要用爱摧毁困住人的心灵高墙，铺一座通向人心灵的桥梁。

　　我们要爱这世上各式各样的人。雄心勃勃的人，给人以灵感；失败的人，给人以教训；少年给人以真诚，长者给人以智慧。我们要宽容地包纳每个人的不同，正如他们包纳你一样。

　　我们要用爱心来回应他人的行为。爱是打开人们心扉的钥匙，也是抵挡仇恨之箭与愤怒之矛的盾牌。爱使挫折变的春雨般的温和，它是我们人生战场上的护身符，孤独时给人支持，绝望时使人振作，狂喜时让人平静，这就是爱心的力量！爱是让对方感觉到的爱才是真正的爱。

　　无私的爱是心胸宽广博大。爱是无私杂念的，当我们站在山上高声大喊"我爱你"时，山谷也会回荡着你的声音。如果你爱大山，大山也会给你回报。当你浑身血液沸腾，心跳加速，终于冲破了羞涩和难为情，当你怯生生地向另一半表达爱意时，"我爱你"轻轻敲击对方心扉的时候，我们不曾想要回报。长久不见，想念心中的他（她），想得食之无味，夜不能寐时，想得到什么回报了吗？没有情人间相爱，父母爱孩子，老师爱学生，这些爱都是无私的，但如果为了得到什么才爱的话，那便是交易了。

做个内心强大的人

有些家长经常说这样的话："你考100分,爸爸给你买什么什么,你考入学校里的前几名妈妈给你买什么。"这是把爱物质化了,但最终一定吃亏的是父母。

没有爱一切都将不复存在,爱心是心理能量将转化为巨大物质能量的催化剂,当心头充满爱时,全身细胞是生命最佳状态。不仅产生抗病因子,而且产生最大的创造力,人生就必定成功。

03　宽容,让你拥有更多的成功

宽容,在《新华辞典》上是这样解释的:原谅,饶恕,不予计较追究。

宽容是一种修养,是一种境界,是一种美德。宽容是原谅可容之言、饶恕可容之事、包涵可容之人。

宽容,当需要有够大的心胸。在很多佛院看到弥勒佛是这样的:"大肚能容,容天容地,于己何所不容;开口便笑,笑古笑今,凡事付之一笑。"这是何等的心胸啊！从中我们不难看到,宽容和笑、愉快和弥勒佛的境界是连在一起的。有了宽容的胸怀,才有容天容地、容江海的崇高和博大,才有来自心底的真挚笑容。鞍山的玉佛寺内的弥勒佛是这样的:"笑古笑今,笑东笑西,笑南笑北,笑来笑去,笑自己原无知无识;观事观物,观天观地,观日观月,观来观去,观他人总有高有低"。大千世界,日月轮回,时过境迁,人心思变,所以,于己要多责,责自己无知无识;对他人,要多欣赏,赏他人有高有低。人生有了这种宽容的气度,才能安然走过四季,才能闲庭信步笑看花落花开。

宽容,首先要能容人言。人言有褒贬诤谗之分,褒奖之语,应多责自己的不足之处、不明之事,才不至于在褒举中跌落下来。贬抑之语,无论多么残酷、无稽,也要坦然处之。大将军韩信的"胯下之辱"无疑是对大将军驰骋天下、成就伟业的胸襟的一种锤炼。诤言更要珍惜,在当今社会,每个人的个性都有了肆意张扬的环境,难免会有不经意的膨胀。诤友诤言无异于苦口良药,着实难得,更要听得进、记得住、改得快。最害人的要是逸言,尤其是有了地位、有了有求于你的人后,易被逸言的甜蜜伤及元气。乾隆是一国之君,可以说有宽容之量,他容得和坤的媚语搔痒,却更懂得用纪晓岚的诤言来进行"中和"和"补偿",以维持一种心理的平衡。所以,语言是人与人交往的首要工具,宽容之人要善听、善辨、善纳、善弃,兼听则明,偏听则暗,不可偏薄。

宽容,还要能容人事。事有轻重缓急、大小荣辱之别,能否冷静处事,宠辱不惊看云卷云舒,当需要更博大的胸怀。当今是竞争的世界,世事变幻莫测,人需要在容人事中找出自己的"知"与"识",方能扬长避短,书写更加美好的人生之旅。就拿当前的家庭来说,据统计,妻子收入高于丈夫这一现象已成为家庭解体的新因素,因为这种现象打破了"男主女辅"的家庭角色关系,丈夫不能容忍妻子的霸气,妻子不能容忍丈夫的窝囊气。所以,造成了家庭战事频繁,导致家庭的破裂。要适应这一现实,在日常生活中,夫妻双方也需要有容人之量,丈夫应从妻子的身上学她的勤劳、吃苦、韧性等品德,用到自己的事业和工作中;妻子也要鼓励丈夫继续寻找更好的机遇,并不失妻子的温柔、贤惠,以此重新构建家庭新的平衡,就可以拥有经济宽裕后的幸福生活。所以,宽容之于事,要善于分析,设身处地理解,并能兼收并蓄,才能达到愉悦快乐之境。

宽容,最重要的是容人,它是容言、容事之根本。人,也有高低之分,学人之长,是宽容修养的基础,所以,做起来也比较容易。但是,容人之短,尤其是容持不同观点的人的缺点,则需要较大的胆识和胸襟。所以,要用真诚的心来观察他人的长处,容纳他人的不足,善于发现、培养、发挥他人的长处,求同存异,共同发展,互惠互利,才能成就事业,拥有更多的成功。

所以,宽容是人之博大、人之崇高、人之快慰的优良品德。"天称其为高者,以无不覆;地称其为广者,以无不载;日月称其明者,以无不照;江海

做个内心强大的人

称其大者,以无不容。"在这世界构建的新的文明中,愿更多的朋友,能拥有一颗宽容之心,宽厚待人,宽厚至语,宽厚做事。宽容于己不会失去什么,反而可以收获快乐,收获成功,会给人间增添多一些的欢乐和温情。

拥有比海洋还宽阔的胸怀,就会拥有比日月更长久的幸福。智慧艺术告诉我们,宽容就是一门艺术,一门做人的艺术,宽容精神是一切事物中最伟大的行为。宽容待人,就是在心理上接纳别人,理解别人的处世方法,尊重别人的处世原则。我们在接受别人的长处之时,也要接受别人的短处、缺点与错误,这样,我们才能真正地和平相处,社会才显得和谐。

宽容是人类文明的唯一考核标准。"宽以济猛,猛以济宽,宽猛相济""治国之道,在于猛宽得中",古人以此作为治国之道,表明宽容在社会中所起的重要作用。

宽容,是自我思想品质的一种进步,也是自身修养,处世素质与处世方式的一种进步。

在现实生活中,有许多事情,当你打算用忿恨去实现或解决时,你不妨用宽容去试一下,或许它能帮你实现目标,解决矛盾,化干戈为玉帛。

生活中,不会宽容别人的人,是不配受到别人宽容的。

04　挺住,胜利就在前方

雾挡住了太阳,模糊了我们的视野,许多人都因一早见到雾而郁郁寡欢,但也有的人见到雾反而兴奋不已,因为他知道大自然的雾,日出便消散,雾后是晴天。同样的雾天,不同的是人的心态,乐观的人看到是雾后的天,悲观的人只见雾不见天。

无论何时我们都应该想到雾只是薄薄的一层,它后面有个好太阳,又亮又温暖,它会把雾收去,交给世界一个好晴天。

换一种心情去看雾,你会减少许多的忧愁和不必要的郁闷;换一种心态对待生活,你会收获许多的快乐,只有拥有阳光般的心态,才会拥有阳光般的生活。一个人在工作或生活不开心的时候,内心比较脆弱,大大小小的问题都会使之压力倍增,心力憔悴,精神疲惫,从而使烦恼剪不断,理还乱。这就是生活上的雾,需要自我调节,调整好自己的心态,因为在好心态的驱逐下,这生活的雾才不会停留多久。当我们心情不好的时候,想想浓雾散失的过程。浓雾天,虽然向上空望不见太阳,但能看见它四周的银环,那是晴天的希望,你只需要想到阳光一定能穿透雾气照射大地,今天一定是个好天气。渐渐的环绕在太阳周围的雾气慢慢淡化,蓝天逐渐显现出来。又过了一会儿,云块飞快的退去,万里无云的天空,发光的太阳出现在你面前,照亮你的心灵。

　　处在生命低谷的时候,自我鼓励是最有效的方法。千万别幻想依靠别人的鼓励来产生勇气和力量,因为往往在那个时候,你的朋友都不在你的身边。所以,不妨在墙上贴满励志标语、不断地告诉自己,你是最厉害的;或者找个僻静的地方,痛快地流泪;或者去看成功人物的传记、用运动来强化意志,忘却沮丧……总之,要不断地鼓励自己,让自己挺过生活的低谷期。

　　生活就像浩渺的大海,不仅有涨潮的欣慰,更有落潮的无奈;生活也像一碗百味汤,酸甜苦辣溶于其中,各种滋味,品后才知分晓。人生更是一道坎坷的旅途,不如意之事常有八九,有喜更有悲,有起也有落;既有成功后的喜悦,也有失败后的痛苦。成功的喜悦给人积极向上的启迪,使人走出人生的低谷。

　　面对短暂的人生,要学会面对磨难,不要错过人生的失意时刻,也许当生命之神把你抛入谷底时,也是你人生腾飞的最佳时节。调整自己的心情,学会走出人生的低谷,也许摆在你面前的,就是一片湛蓝的天!

　　美国家具商尼科尔斯就是这样一个因为意外而走向成功的人:

　　1924年,美国家具商尼科尔斯的家突然起火,大火把家里的一切烧得精光,也把他做好准备出售的家具烧光。大火给他什么也没留下,只留

做个内心强大的人

下一片残存的焦松木。看着一片狼藉,他把双手死死地插在头发里,心情坏极了。突然,这烧焦松木独特的形状和漂亮的木纹把他的目光吸引住了,他竟然从这些焦松木上找到了转机。

正是这场意外的大火,烧出了尼科尔斯的灵气与希望。他小心翼翼地用碎玻璃片剥去浮灰,再用砂纸打磨光滑,然后再涂上一层油漆,这样就产生出了一种温暖的光泽和红松非常清晰的纹路。尼科尔斯惊喜地狂叫起来,马上制作出仿纹家具。就这样,仿纹家具从此诞生了。大家都来争相购买他制作的家具,生意十分兴隆。

有人评论说:"尼科尔斯独具特色的家具像一只在火灰里死而复生的不死鸟一样蓬勃兴起。"一场大火给他带来灾难,同时也带来了新产品和金钱。现在尼科尔斯创造的第一套仿纹家具收藏在纽约州博物馆。

总之,人生一世,难免会遇到一些困难,难免会走入一些生命的低谷,如果这个时候你不坚强,不学会"挺住",那么你的生命便毫无希望可言,你看到的永远都是"山重水复疑无路"的绝望,而看不到"柳暗花明又一村"的欣喜。所以,在你即将放弃的时候,告诉自己:"挺"一下,胜利就在前方!

我们要相信雾后是晴天,黎明前的黑暗过去就是初升的太阳。雾后是晴天,雨后是彩虹,雾里看花花自艳。

05 感恩,让生命魅力无边

我们要学会感恩,因为感恩才能天长地久!我们要多想那些值得感谢的人,要多想那些值得感谢的事。要感谢伤害你的人,他可以锤炼你的意志;要感谢欺骗你的人,他可以增加你的智慧;要感谢中伤你的人,他可以磨炼你的人格;要感谢遗弃你的人,他可以教会你的独立;要感谢绊倒你的人,他可以强化你的双腿;要感谢责备你的人,他可以提醒你的缺点。

第八章 包容感恩，让你的青春辉煌灿烂

在水中放进一块小小的明矾，就能沉淀所有的渣滓；如果在我们的心中培植一种感恩的思想，则可以沉淀许多的浮躁、不安，消融许多的不满与不幸。感恩，使生活变得更加美好。

一次，美国前总统罗斯福家失盗，被偷去了许多东西，一位朋友闻讯后，忙写信安慰他，劝他不必太在意。罗斯福给朋友写了一封回信："亲爱的朋友，谢谢你来信安慰我，我现在很平安。感谢上帝：因为第一，贼偷去的是我的东西，而没有伤害我的生命；第二，贼只偷去我部分东西，而不是全部；第三，最值得庆幸的是，做贼的是他，而不是我。"对任何一个人来说，失盗绝对是不幸的事，而罗斯福却找出了感恩的三条理由。

在现实生活中，我们经常可以见到一些不停埋怨的人，"真不幸，今天的天气怎么这样糟""今天真倒霉，被老师骂了一顿""真惨啊，丢了钱包，自行车又坏了""唉，我怎么尽遗传父母的缺点"……这个世界对他们来说，每时每刻，都有许多不开心的事，他们把自己搞得很烦躁，把别人搞得很不安。

明智的人对于这些事情，常是一笑置之，因为有些事情是不可避免的，有些事情是无力改变的，有些事情是无法预测的。能补救的则需要尽力去挽回，无法转变的只能坦然受之，最重要的是，学会感恩，时刻怀有一颗感恩的心，做好目前应该做的事情。

感恩是一个人与生俱来的本性，是一个人不可磨灭的良知，也是现代社会成功人士健康性格的表现，一个连感恩都不知晓的人，必定是拥有一颗冷酷绝情的心，也绝对不会成为一个对社会做出贡献的人。感恩，是一种对恩惠心存感激的表示，是萦绕心间的情感。

13岁的小女孩周越家住山东省德州市乐陵。她曾和其他快乐的孩子一样健康活泼，但是一场病夺去了一切。她得的是白血病。由于家庭无力承担几十万元的医疗费用和找不到同一类型的骨髓，她已经错过了最佳治疗的时机。一朵花蕾很快就会凋谢了。她说服了自己的父母，决定在死后把自己的遗体捐献给社会，让医生们解剖，以寻找治疗疾病的答案。

做个内心强大的人

这是 2001 年 11 月 27 日晚上,山东齐鲁电视台播放的一条新闻,采访的记者们都哭了。周越平静地说:"我知道自己的病看不好了,我妈妈下岗了,只有爸爸一个人在上班,家里的积蓄只够十几天的口粮,是社会上的叔叔、阿姨、伯伯为我献爱心,捐钱给我治病,我没有能力回报他们了。我死之后,一把火把尸体烧成骨灰太可惜了,把遗体捐献给国家吧!让医生能治好像我这样的病人。"

说后,她执意让房间里的人都出去,只留下一名女记者说悄悄话。她附在女记者的耳旁说:"阿姨,我知道自己不行了。住院八个月了,我一直没在爸爸、妈妈面前哭过,我怕他们伤心,我在别人面前装得很坚强,其实我内心很害怕,我害怕失去了这个美丽的世界。今天我是第一次哭……"

她哭了,没有关掉的摄像机记录下这一切。

她说她想在临死之前看看大海,看看海边的礁石,还有礁石下的小螃蟹。据说,节目播出以后,电视台一夜之间接到了 400 多个热线电话,大连、威海、青岛等地的人还愿意把孩子接过去,让她看一眼大海。然而,这一切都阻止不了死神的迫近。

为什么一个幼小而又脆弱的生命竟蕴藏如此巨大的精神力量,让每一个活着的健康的人向她致敬!因为她心中有爱,有别人,她懂得生命的可贵,大海的美,礁石下小螃蟹的可爱,懂得怎样去珍惜生命,关爱他人,热爱生命。人们还会永远记住她的美丽。

感恩是一种处世哲学,是生活中的大智慧。人生在世,不可能一帆风顺,这时,是一味地埋怨生活,从此变得消沉、萎靡不振,还是对生活满怀感恩,跌倒了再爬起来?英国作家萨克雷说:"生活就是一面镜子,你笑,它也笑;你哭,它也哭。"就像罗斯福那样,换一种角度去看待人生的失意与不幸,对生活时时怀一份感恩的心情,则能使自己永远保持健康的心态、完美的人格和进取的信念。感恩不纯粹是一种心理安慰,也不是对现实的逃避,更不是阿 Q 的精神胜利法。感恩,是一种歌唱生活的方式,它来自对生活的爱与希望。

06　难得糊涂，成就超凡脱俗的人生

"难得糊涂"，是郑板桥的一句经典名言。其实，在道出"难得糊涂"的一瞬间，郑老爷是天下最明白的。极为聪明的郑板桥，把官场上的一切看得清清楚楚、明明白白、真真切切。因此，他不会糊涂，但不糊涂却要装糊涂。宦海沉浮，一朝梦醒！在泼墨挥毫写下"难得糊涂"字幅后的不久，便罢官归隐。大千世界，智以应对。让一个清醒的人去装糊涂，真的是糊涂难，难于上青天！但是无奈之中，不得不装糊涂。因此，有人看破红尘，有人唯命是从，有人听天由命，所以就有了郑老爷的"难得糊涂"。

什么是糊涂？指做人不明事理或者某种事物内容混杂，也就是不精明的意思。糊涂有两种：一种是真糊涂，懵懵处世，与生俱来，装不来，求不到；一种是假装糊涂，是非黑白了然于心，偏偏装作良莠不分，既由"聪明转入糊涂"。

"糊涂"一点，能让人得到一种安宁，一种轻松。所以有时候，人没有必要太"聪明"。一个人如果太"聪明"，也会"聪明反被聪明误"的。记得《红楼梦》中王熙凤的判词写道："机关算尽太聪明，反送了卿卿性命。"这样一个十分精明的人物，她呼风唤雨，左右逢源，令人羡慕不已。最后落得个孤家寡人，身心劳碌至死，最终又一无所得的下场，毁在了她的聪明上。岂不正应了"聪明反被聪明误"这句话了吗？

聪明不好吗？聪明固然很好，但聪明很累。培根说："生活中有许多人徒然具有一副聪明的外貌，却并没有聪明的实质。这是'小聪明，大糊涂'。"现实生活中的许多人，看起来非常聪明，凡事都去斤斤计较，凡事都拾掇的毫厘不爽。只知进，不知退，只知耍小聪明，不知厚道待人，只知损人利己，不知深藏于密。凡事都要丁是丁，卯是卯。这样的人活着会很累。一个不知道"激流勇退"的人，实在是一个傻瓜。一个机关算尽的

做个内心强大的人

人,最终会算到自己头上。如此把自己累得身心疲惫,真不如在现实生活中,用一种"难得糊涂"的思维方式,以平常之心、平静之心对待人生,换得个泰然安详。

在今天的现实生活中,如果我们什么都不去计较,什么都不去想,该有多幸福!但也许有人会说,什么都不想、什么都不计较的人,是没有理想、没有生活目标的傻子。走在大街上,经常看见一些头脑不健全的人,我会倍加怜惜他们,但当看见他们无比的开心,没有常人的那种勾心斗角、尔虞我诈,我又会向他们投去羡慕的眼光。也许,他们真的很幸福,真的是"赤条条来去无牵挂"的楷模。

昆曲《鲁智深醉闹五台山》中鲁智深有这样一段唱词:"谢慈悲剃度在莲台下,没缘法转眼分离乍,赤条条来去无牵挂……"苍凉、悲伤中,演绎成寥廓的通达!细想人生,赤条条的降生到这世界,走的时候也是赤条条的离开。短短几十年的时间,争名夺利,斤斤计较有什么用啊?到头来两眼一闭,任何东西都不再属于自己。活是一口气,死是一缕烟,人世间的任何东西都是生不带来、死不带去的。

某一知县,为堂兄与邻居的墙基官司而写下了一首诗:"千里捎书为一墙,让他几尺又何妨?万里长城今犹在,不见当年秦始皇。"这首诗是多富有哲理啊!万里长城依旧在,秦始皇如何?何况我们只是一介草民呢?让人警醒的诗句,值得今天的我们思考。

"难得糊涂"是一种智慧,是人屡经世事沧桑之后的成熟和从容,是人生大彻大悟之后的宁静心态的写照。只有饱经风霜、人生坎坷的人才能深得真谛。一个人要努力使自己成为一个智者。在经历了人生的漫长旅途之后,看透了人世间的功名利禄,阅尽了人间兴衰,尝遍了人生苦辣酸甜,体验了争强好胜的疲惫。顷刻间,是非成败转头空。什么当年笏满床?什么曾为歌舞场?到头来都是为他人作嫁衣裳!

一个人走过了人生的几多风雨,不愿也不想再去计较人世间的恩恩怨怨,是是非非。在非原则问题上不作计较,在某些原则问题上,也是大事化小,小事化了。在细小问题上,更不去做无休止的纠缠。理智处事,学会适应各种环境,应付逆境。以理智的"糊涂"化险为夷,以聪明的"糊涂"平息可能发生的种种矛盾。我就应该是我,不应该去想与自己无关的事,也不应该说出与自己无关的话,对自己多一些自省,对别人多一些宽容。能努力让自己做到这些,我想我应该是幸福的。我自己对幸福的认识是:幸福是属于自己精神上的解脱与升华。

"难得糊涂",对家庭来说,是理解、包容、平等。对老人的唠叨多一些理解,对爱人的错事多一些包容,对孩子的想法多一些平等。对社会来说,是宽容、爱心。退一步海阔天空,忍一时风平浪静。睁着眼睛看自己,对自己所做的事情聪明一点。眯着眼睛看别人,对别人的看法糊涂一点。也许人生的最高境界,就是"难得糊涂"。而"难得糊涂"的最高点,应该是每个人都有一个宽如大海的胸襟。一个人倘能真正修炼到这种"难得糊涂"境地,实为人生一大幸事!

郑板桥的"难得糊涂"告诉人们,它是一种超越、一种策略、一种睿智、一种坦荡、一种悠然、一种处世之道,是对生活所持的一种人生态度。自己的思维不要糊涂,而为人处世却是糊涂一点的好。心胸开阔些,心情平和点,淡泊以明智,宁静以致远。坦然面对一切,以静养心,那便是一种超凡脱俗的境界。

07 宽容仁爱的心态,让心灵轻松平和

对生活充满宽容仁爱的心态,使你始终能够正确选择对待生活的态度。有了这种积极的自我意识,你就可以学会如何去正确思考人生,就可以在不公平的社会里保持一颗轻松平和的心,并能够结合实际环境创造出新的生活方式。实践中,你自主的选择必将赋予你一个更加轻松愉悦的自我。在现实生活中,遇到不公平的事情,我们不要烦恼,不要埋怨,用

做个内心强大的人

另一种观点面对不公平。要明白"吃亏是福"的道理。

美国人出外旅游,有一个去处可以不花一分钱,甚至还可能得到一点钱,这个地方便是大西洋赌城。从纽约出发,到那里来回车费才 20 美元,到达后马上可以得到赌城当局馈赠的 15 美元现金,还有一顿丰盛的自助餐。第二次来时,凭车票又可以得到 8 美元的回赠。

这是赌场老板为吸引顾客前来牟利的一个妙计,对赌场来说,顾客是多多益善。人越多,老板钱赚的越多,因为到赌场来而一毛不拔者寥寥无几,不管赌客运气如何,总体上是赚少赔多。因此,所谓来去不花钱,实际上花费的是赌场老板从顾客身上赚来的零头。

所谓"降价销售""有奖销售""品尝销售""买一赠一"等等,实际上都是"羊毛出在羊身上"的。然而,商战中因此取胜的却是很多。看似吃小亏,实则赚大便宜。

当然,在和周围朋友的相处中绝对不赞成用这些招数,但我们要明白,面对不公平时,吃点亏也许会给你带来惊喜。

不要再埋怨生活对你的不公平,在现实生活中过多地沉醉于那些公平的思考已经使我们中的好多人背上了沉重的"渴望平等"的包袱,从而完全演变成一种对生活和自己的苛刻。

有的人总是抱怨自己与别人干的工作一样多,工资却比别人的少;有的人抱怨自己付出的比别人多,等到的却比别人的少……时时抱怨不公平,并由此对这个社会失去了信心。

爱默生说:"一味愚蠢地强求始终公平,是心胸狭窄者的弊病之一。"因为我们不可能对人生投"弃权"票,所以就必须在努力争取的同时,学会宽容,才能正视不公平。

有一对一向不和的邻居,各自的田地也相邻,都种了西瓜。王姓邻居勤劳,锄草浇水,瓜秧长势很好;张姓邻居懒惰,不锄不浇,瓜秧又瘦又弱,惨不忍睹。

人比人,气死人。看着对面王姓邻居的瓜长得可人,张姓邻居觉得失了面子。在一天晚上,趁月黑风高,偷跑过去把王姓邻居家的瓜秧扯断不少。王家的人第二天发现后,非常气愤,对家人说:"咱们要以牙还牙,也过去把他们的瓜秧扯断!"

王家的老人说:"他们这样做固然不对,但我们也不能因此就跟着学,那样太小气了。你们照我的吩咐去做,从今天开始,利用晚上时间帮助照看他们的瓜田,让他们的瓜秧也长得好。而且,一定不要让他们知道。"

家里的人觉得老人说得有理,就照办了。

张家的人发现自己家瓜秧的长势一天比一天好起来,觉得奇怪。仔细观察,发现原来是他们的邻居晚上悄悄过来替他们浇水锄草。

张家的人十分惭愧又十分敬佩,深感邻居和好的诚心,于是备礼以示歉意。结果他们成了让人羡慕的好邻居。

俗话说:"远亲不如近邻""冤家宜解不宜结"。对待不公平的事,一定要理智,不要莽撞地作出举动,那样既解决不了事情,而且会使邻里关系更加恶化。要用宽容的心态去面对,用平和的心态去面对,它是化解种种不快的至尊法宝,也会使你收获更多。

生活中,一个心胸狭窄的人,必然招致他人的不满。人在世时宽以待人,善以待人,多做好事,遗爱人间必为后人怀念,所谓"人死留名,豹死留皮",爱心永在,善举永存。而恩泽要遗惠长远,则应该多做在人心和社会上长久留存的善举。只有为别人多想,心底无私,眼界才会广阔,胸怀才能宽厚。

08　心灵的宁静,人生幸福的关键

幸福是什么?幸福一种生活方式,它来源于"简单生活"。物质财富只是外在的荣光,真正的幸福来自于发现真实独特的自我,保持心灵的宁静。

做个内心强大的人

在习惯的支配下,我们对这个嘈杂的世界、混乱的时空没有感到有什么不对劲,也许只有到临终的时候,才会悲哀地发现,自己的一生,原来是这么的不幸福。

智慧,能够让人摒弃患得患失的习惯以及由此而产生的种种偏见。如果你不愿意看到的事情发生了,请不要埋怨他人或引咎自责,因为这并不是谁的错,只是一种注定的缘的作用而已。所以,当你的水杯打碎时,你不必惊叹:"我的天哪!""你看我做了什么样的蠢事呀!""太不小心了,为什么脑袋里就不多根弦呢?"你应该很自然地做出反应:"呵,原来它是这么去的!"你不能为了在别人面前表现出自己的"慷慨大方"而心口不一——那样你的心情是不会坦然的,你必须内心也这么想才行。其实一种简单而又很实用的方法是,当水杯打碎时,你就告诉自己去买一个新的——新的一定会比旧的更漂亮。

有人问:"简单生活"是否意味着苦行僧般的清苦生活,辞去待遇优厚的工作;靠微薄存款过活,并清心寡欲?美国著名心理学家皮鲁克斯说:"这是对'简单生活'的误解。'简单'意味着'悠闲',仅此而已。丰富的存款,如果你喜欢,那就不要失去,重要的是要做到收支平衡,不要让金钱给你带来焦虑。"

无论是中产阶级,还是收入微薄的退休工人,都可以生活得尽量悠闲、舒适,在过"简单生活"这一点上人人平等。

简单,是平息外部无休无止的喧嚣,回归内在自我的唯一途径,当我们为拥有一幢豪华别墅、一辆漂亮小汽车而加班加点地拼命工作,每天晚上在电脑前疲惫地倒下;或者是为了一次小小的提升,而默默忍受上司苛刻的指责,并一年到头陪尽笑脸;为了无休无止的约会,精心装扮,强颜欢笑,到头来回家面对的只是一个孤独苍白的自己的时候,我们真该问问自己干嘛这样,它们真的那么重要吗?

简单的好处在于:也许你没有海滨前华丽的别墅,而只是租了一套干净漂亮的公寓,这样你就能节省一大笔钱来做自己喜欢的事,比如旅行或者是去买那早就梦想已久的摄影机。你也再用不着在上司面前唯唯诺诺,你自己就是自己的主人,提升并不是唯一能证明自己的方式,很多人从事半日制工作或者是自由职业,这样他们就有更多的时间由自己支配。而且如果你不是那么忙,能推去那些不必要的应酬,你将可以和家人、朋友交谈,分享一个美妙的晚上。

寒山禅师曾作偈《东家一老婆》来指导人们应该如何看待贫富——

东家一老婆,富来三五年。昔日贫于我,今笑我无钱。

渠笑我在后,我笑渠在前。相笑倘不止,东边复西边。

寒山禅师这首诗偈寓意很深。以生活中一种常见的社会现象,提出令人深思的严肃问题。过去被我看不起的穷者,富了之后反笑我寒酸。我笑他在前,他笑我在后,笑与被笑的位置不断变换,必将陷入无穷的悲与喜的轮回之中。然而一旦做到了既不因贫贱羡人,也不以富贵骄人,超脱于世俗的祸福之外,唯求自心清静,律己自重,这样就不会陷入"东边复西边"的无尽烦恼之中了。

一位十分富有的父亲,想让儿子看看穷人的生活,使知道自己生在一个富有的家庭是多么幸福的事儿,就安排去看看穷人们的生活。

于是,这位父亲带着一家人来到乡下,他想让儿子看看贫穷是多么的可怜。他们找到了一户最穷的人家,在那儿度过了一天一夜。

回来后,父亲便美滋滋地问儿子:"你认为此行如何?"

"非常好,爸爸!"

"现在你该知道穷人的生活是什么样子了吧?"

父亲问道。

"是的。"

"你都看见什么了?"

"我看到我们家花园中央有一个游泳池,他们却有一条没有尽头的小溪;我们家花园里有许多进口的灯,他们却拥有满天的繁星;我们的院子虽然很大,他们的院子却延伸到地平线上。"儿子说完后,父亲沉默无语。

做个内心强大的人

儿子又说:"谢谢你,爸爸,你让我明白了我们是多么贫穷!"

以贫富论英雄,是一种狭义的贫富观。中国著名的数学家陈景润算是穷到家了,但是谁又能鄙视陈景润呢?还有历代以来的那些清官、廉官,谁又能说他们无能值得鄙视吗?

那些贫穷一点的人更应该看清自己的位置,不要盲目自卑,更不要因为贫穷而丢掉某些富人们所不拥有的"富裕"。作为不富裕的人,一定要理解穷,思考为何会穷?千万不要轻信富人的杜撰,成功者奋斗的历史,道理很简单:别人的衣裳不一定适合自己穿。当我们发现,努力了、奋斗了,依然不富时,那穷就不是我们的错了。

可以说,世界没有绝对的穷人,也没有绝对的富人。以金钱分也只是一个局部,而我们面对的是人,是人生活的方方面面。但我们在金钱上的缺失,这肯定是"硬伤",但当注定我们在这方面是矮子时,我们为何偏要从短处较劲,而不去在其他方面发挥优势呢?

因此说,不管是富人还是穷人,都不要因为自己身处的位置而骄傲或者自卑、鄙视或者羡慕,正如一则广告说得好"每个人都有自己的舞台",只要自己正视这点,我们都将是富有的人。

倘若我们暂时富裕,切莫鄙视或嫌弃那些不如我们的;如果我们暂时贫穷或者稍不如意,同样不必去羡慕那些整天开车、忙于应酬的。正是由于生活是自己的,我们才能体会到那份只属于自己的幸福与甜蜜,而这绝对与贫穷或富裕没有必然的联系。

第九章

把握今天，绘制美好明天

"今天的一切都是最好的"，有积极态度的人能有好的结果，是因为他们肯定"今天"的无穷价值。"今天"这一天充满了机遇、喜悦、趣味和成功，而且至少提供了 16 个小时以上的清醒时间。弃我去者，昨日之日不可留；而"今天"完全属于自己，所以要创造性地度过这美好的一天。继"今天"之后，对接下去的每一天都要保持乐观的态度，是使每天变得美好的因素。会使每天在心里描绘的远景得以实现！

做个内心强大的人

01 从今天开始新的生活

忘掉过后从今天开始新的生活好吗?

忘掉过去从新开始面对自己新的人生,新的开始,人开心一天要过不开心也要过,地球不会因为某一个人不开心而停止转动,为什么自己不选择开开心心过每一天呢。

从今天开始一种新的生活,

告别过去的低落与无奈,

忘记以前的成绩与辉煌,

重拾学生时代的激情,

去创造属于你的新的世界。

从今天天始,我将开始新的生活。

从今天开始,我要学着控制自己,控制的自己的脾气,自己的心情……

从今天开始,我要学着积极面对生活,学着开心,学着微笑,认真学习一切自己的感兴趣的东西……

从今天开始,我要学着坚持和忍耐,学着认识规律和习惯对我这个年龄的意义…….

从今天开始,我要学着忘记,忘记不该拥有的过往;我学着等待,等待遥远的希望……

从今天开始,我要认真的寻找我爱的人,努力追求我向往的生活……

人一但有了明确的目标,整个精神面貌都焕发着新的风采!

这是一个全新的起点。

从今天开始就和过去告别,遗忘该遗忘的,记住该记住的。过去的自己太过认真,总是把生命的每一个细节留到心上,有一种负重的感觉。生命的瞬间已经过去,不会再来,把握今天才是最最明智的。

自己已经不再是个孩子,所以不要那么幼稚。成长的路上总会有刻骨铭心,受伤也是在所难免,所以应该接受一切,坦荡的告别,再认真的对待每一件事情。告别过去,说声拜拜,心痛的时候不说苦,辛酸的时候不落泪,寂寞的时候可以望天空,孤单的时候继续微笑。有些苦难应该遗忘,有些记忆应该删除,明天还要继续,应该选择和昨天挥手告别。

我们之所以不得不改变,就是为了要打破现状。我们可以思考一下,什么时候是非得打破现状不可的。有很多时候,我们会面临一个停滞不前的状况,却怎么也不明白它不前进的原因,因此也就不知道该如何是好。有些性子急的人,因为无论如何也不能了解自身和环境的状况,不管再怎么想也找不出对策,因而死心断念,甘心停步不前。

我们应该让"我不行啦""不可能啦"等口头禅从我们的口中消失。成天把消极的语言挂在嘴边的人,光是这样唠叨,就已经把自己的志气耗尽了。人的意志力之大,往往是超乎自己想象的。心理上先抱失败的想法,自然整个人的行为、感觉就会受到影响。这样的情形,是我们不能忽视的事实。

总而言之,激励自己,彻底使自己成为积极进取的人,是十分重要的。习惯性地认为自己"绝对可以胜任""我每天都在成长之中",正是走向成功、改变自我现状的第一步!

02 告别过去,人生才能幸福

你长久以来一直生活在过去的阴影中吗?你该如何改写自己的人生故事,获得幸福的人生结局。

做个内心强大的人

周丹娜知道自己就像个会走路的定时炸弹,她患有心脏病、高血压,胆固醇偏高,体重超过标准30磅,她还有抑郁症和神经性胃炎。其实周丹娜自己也知道为了健康,应该改变一下生活习惯了。

"但我就是做不到,每次当我制定了一些计划,我就会失去自制力,最后计划不了了之。"周丹娜苦恼地说。心理学家在对她的治疗中发现,周丹娜的情形和她遭受过创伤的童年有关:当她4岁时,目睹了父亲的去世,两年过后,母亲嫁给了一个残暴的酗酒者,挨打成了家常便饭。

"我无法真正地改善我的健康状况,除非我能够对童年那些伤疼和愤怒释怀。"周丹娜解释说,"过往的伤痛已经吞蚀了我。"

其实,每个人或多或少都会有些不愉快的经历,都会有些难以释怀的往事和无法抹平的创伤。但心理学专家们已经证明,如果你不能完全抛弃过往的伤痛——无论是身体、精神还是情绪上的伤害,那些不愉快的经历就会在10年后给你的身体健康带来严重的影响。"过去的'不好'的经历会给我们带来愤怒、焦虑和沮丧,还会引起嗜食、吸烟等不良生活习惯。那些没得到解决的情感伤痛所带来的慢性压力,会破坏我们的免疫系统、循环系统、心胃功能、荷尔蒙水平,身体的其他器官都会有所影响。"医学专家警告道。

值得高兴的消息是我们的身体和大脑都是一个有弹性的物体,我们完全有能力治愈过去的旧伤,告别过去所带来的伤害。

未来的你要记住活得坦荡,将昨天的伤害遗忘在闪烁的星光中,一觉醒来还有期待,不放弃爱的勇气,不怀疑会有真心。握住一个最美的梦给未来的自己,过去的失败将收获成今天的经验,今天的经验将蜕变成未来的信仰。记住自己今天的模样,抛开过去,认真去追寻未来的自己,看看到底自己今天的未来会是什么样子。

不管你过去有怎样的创伤,你总能在内心中找到一块和平安详之地。如果你能开启这个源头,你曾经的压力就会小很多,你的大脑会清晰,有更新的解决问题的方案。其实有数不尽的办法可以创造平静：瑜珈、冥想、在自然中散步、热水香氛浴、按摩、抚慰人心的音乐、祈祷、令人愉快的回忆等等。

有句老话说，自己生活得好是对伤害你的人最好的复仇。实际上你才是你自己生命故事的创作者，只要你愿意，任何时候都可以开始一个新的篇章。

你可以花上一些时间，来幻想一下你所渴望的生活究竟会是个什么样子，然后用文字把它描述出来，一两天过后，用你现实的目光再来审视一下你的梦想。

为了让梦想成真，你得做些什么呢？在今年里，你能够达成的目标是什么？现在你需要采取什么步骤？

你可以创造一个如此丰富的人生，充满意义和理想，这样过去所留下的痛苦将失去它对你的刺激。

人类情感上的伤口其实跟身体上的擦伤或骨折一样真实，修复它们需要经历悲伤的三个阶段。心理学家说，第一个阶段是震惊和否认，接下来是愤怒、害怕和悲伤，最后才是理解和接受。你可以沉浸在第一个阶段，否认你的痛苦或者是麻木你的感觉；或者是你越过这个阶段，直接陷入消沉、愤怒或者是害怕中。但上面这两种情况，你对悲伤的修复都不会完整。

不管亲人逝世发生在多久以前，至关重要的是让你感觉到你曾经压抑了这种情绪。如果你失去了一个你深爱的人，试着给他写下一封告别信，在信中表达你的一切感受，而不仅仅是悲伤和爱意，还有愤怒、害怕，以及别的一些情绪。

如果说过去的伤害会对你永远有影响，那就只有一种可能：是你自己在脑子里不停地重复那一幕。这就像带着结局会更改的希望，一遍又一遍地看同一部电影，"哀叹命运不济对忘掉过去是毫无帮助的。"心理学

做个内心强大的人

家指出,"真正的内心平和来自接受曾经发生过的一切,然后让它随风而逝。"

比接受更好的态度是感谢。不管过去发生了什么事情,你都把它当作是一份礼物而心存感激。这样,你甚至会发现自己哪怕身陷烦恼中都会有一份好心情,因为它让你又多了一份人生经验。

03 忘掉过去,重新起航的人生更辉煌

唐代文学家、哲学家柳宗元对于禅学也颇有研究,他所作的《禅堂》一诗就暗藏着深刻禅理——

万籁俱缘生,杳然喧中寂。

心境本同如,鸟飞无遗迹。

这首诗是柳宗元被贬之后的所作,前两句诗的意思是:大自然的一切声响都是由因缘而生,那么,透过因缘,能够看到本体;在喧闹中,也能够感受到静寂。后两句意思是说,心空如洞,更无一物,所以就能不被物所染,飞鸟(指外物)掠过,也不会留下痕迹。它不仅写出了被贬之后的幽独处境,而且道出了禅学对这种心境的影响。

可以说,人的一生由无数的片段组成,而这些片断可以是连续的,也可以是风马牛毫无关联的。说人生是连续的片断,无非是人的一生平平淡淡、无波无澜,周而复始的过着循环往复的日子;说人生是不相干的片断,因为人生的每一次经历都属于过去,在下一秒我们可以重新开始,可以忘掉过去的不幸、忘掉过去不如意的自己。

在雨果不朽的名著《悲惨世界》里,主人公冉·阿让本是一个勤劳、正直、善良的人,但穷困潦倒,度日艰难。为了不让家人挨饿,迫于无奈,他偷了一个面包,被当场抓获,判定为"贼",锒铛入狱。

第九章 把握今天，绘制美好明天

出狱后，他到处找不到工作，饱受世俗的冷落与耻笑。从此他真的成了一个贼，顺手牵羊，偷鸡摸狗。警察一直都在追踪他，想方设法要拿到他犯罪的证据，把他再次送进监狱，他却一次又一次逃脱了。

在一个风雪交加的夜晚，他饥寒交迫，昏倒在路上，被一个好心的神父救起。神父把他带回教堂，但他却在神父睡着后，把神父房间里的所有银器席卷一空。因为他已认定自己是坏人，就应干坏事。不料，在逃跑途中，被警察逮个正着，这次可谓人赃俱获。

当警察押着冉·阿让到教堂，让神父辨认失窃物品时，冉·阿让绝望地想："完了，这一辈子只能在监狱里度过了!"谁知神父却温和地对警察说："这些银器是我送给他的。他走得太急，还有一件更名贵的银烛台忘了拿，我这就去取来!"

冉·阿让的心灵受到了巨大的震撼。警察走后，神父对冉·阿让说："过去的就让它过去，重新开始吧!"

从此，冉·阿让洗心革面，重新做人。他搬到一个新地方，努力工作，积极上进。后来，他成功了，毕生都在救济穷人，做了大量对社会有益的事情。

冉阿让正是由于摆脱了过去的束缚，才能重新开始生活、重新定位自己。

人们也常说，"好汉不提当年勇"，同样，当年的辉煌仅能代表我们过去，而不代表现在。面对过去的辉煌也好、失意也罢，太放在心上就会成为一种负担，容易让人形成一种思维定势，结果往往令曾经辉煌过的人不思进取，而那些曾经失败过的人依然沉沦、堕落。然而这种状态并非是一成不变的。

有一天，有位大学教授特地向日本明治时代著名禅师南隐问禅，南隐只是以茶相待，却不说禅。

他将茶水注入这位来客的杯子，直到杯满，还是继续注入。这位教授

185

做个内心强大的人

眼睁睁地望着茶水不停地溢出杯外,再也不能沉默下去了,终于说道:"已经溢出来了,不要再倒了!"

"你就像这只杯子一样。"南隐答道,"里面装满了你自己的看法和想法。你不先把你自己的杯子空掉,叫我如何对你说禅呢?"

人生就是如此,只有把自己"茶杯中的水"倒掉,才能让人生倒入新的"茶水"。

生命的过程如同一次旅行,如果把每一个阶段的成败得失全都扛在肩上,今后的路只能会越走越窄,直至死角末路。忘掉过去,才能重新启航!

04 把握今天,筑起明天成功的基础

有句信念:今天是此生最好的一天。

你是否最近一直想改变,做那个对未来充满责任、勇往直前的人?可结果呢,不仅虚度了时间,还失去了面对的勇气!明天的你到底会是什么样呢?或许只有自己才能感觉到明天的你。每个人都有不同的生活方式,今天的你决定你的明天!

在今天物欲横流的环境中,每个人真的都可以很自信地说:我可以出淤泥而不染吗?面对着别人的生活,你去思考,但不应让其成为你的绊脚石。做好自己吧,每个人的明天由你自己去塑造。活出此生最好的今天吧,并坚持下去!

不必去理会别人的生活了!在自己的道路上走下去!

漫漫人生路,有谁能说自己是踏着一路鲜花,一路阳光走过来的?又有谁能够放言自己以后不会再遭到挫折和打击,我们没有看到成功的背后往往布满了荆棘和激流险滩!如果因为一时的受挫就轻易地退出"战

第九章 把握今天，绘制美好明天

场"，半途而废，到头来懊悔的只能是你自己；如果总是因为害怕失败而丢掉前行的勇气，就永远不会追求到心中的梦想，正如歌中所唱的，阳光它总是在风雨之后……

对于受挫于起点，失意于前段的黯然情结，命运会赐予它一件最妙的补偿，那就是从哪里跌倒，就从哪里爬起来，使他带着现实的态度，以现实的稳健步伐走下去，去履行自己的人生，去实现自身的价值。生命的好处，也正是在这个时候才像春天吐芽一般，一点一点地显露出来。人生的魅力，在于时时可以从痛苦的阴冷角落里启程，走向花明晴光的远途，走向没有遗憾的的未来。即使千帆过尽，还有满载希冀的第1001艘船，只要心中的梦歌不灭，就不会被孤独地抛在岸边。不论在哪里，蒙受失败，都有机会从容整理行装，然后再欣然启程，这就是幸福的根蒂，也是你我永生的财富。

滴水足以穿石。你每一天的努力，即使只是一个小动作，持之以恒，都将是明日成功的基础。所有的努力，所有一点一滴的耕耘，在时光的沙漏里滴逝后，萃取而出的成果将是掷地有声，众人艳羡的"成功之果"。我是自然界最伟大的奇迹。

你不是毫无意义地来到这个世界上的。你应该成为栋梁之材，而非草芥。从今往后，你要为成为群峰之巅而努力，将你的潜能发挥到最大限度。你要吸取前人的经验，了解自己以及自己所拥有的一切优势，因为这是成就事业的关键。别忘记，许多成功的沟通，其实只有一套说词，却能使他们无往不利。人生之光荣，不在永不失败，而在能屡仆屡起。对每次跌倒而立刻站起来、每次坠地反像皮球一样跳得更高的人，是无所谓失败的。人生是一条没有尽头的路，不要留恋逝去的梦，把命运掌握在自己手中，艰难前行的人生途中，就会充满希望和成功！

生命的奖赏远在旅途终点，而非起点附近。虽然我们不知道要走多少步才能达到目标，踏上第一千步的时候，仍然可能遭到失败。但成功就

做个内心强大的人

藏在拐角后面,除非拐了弯,否则你永远不知道还有多远。再前进一步,如果没有用,就再向前一点。事实上,每次进步一点点并不太难。从今往后,我们每天的奋斗都要像对参天大树的一次砍击,头几刀可能了无痕迹。每一击看似微不足道,然而,累积起来,巨树终会倒下。这就是我们今天的努力,也是对未来的庄严承诺!

05 活在现在,轻松前行才能成功

"生活在一个完全独立的今天里"。很简单但很实际的一句。不要悔恨昨天的种种和担忧明天的几何,而把更多的时间和精力花在今天,花在现在,因为当你在悔恨昨天和担忧明天的时候,"此时"已经悄悄的从你身边溜过了。所以请起身,狠狠地跺跺脚,抖落掉粘连在你身上任何阻碍你前进的想法和包袱,让自己轻装上阵吧,别忘了,要做好自己,不必去在乎别人的眼光和评价。

人生就是一串由无数的小烦恼和小挫折串成的念珠,豁达的人在数念珠时总是带着笑容。面对不如意的时候,拿一杯葡萄酒对着太阳看看,前途总是玫瑰色的,没有比这更可爱的了。生命太短了,不要因为小事而烦恼。

郁闷,也就是一个人忧郁寡欢的一种消极情绪表现。一个人长期忧郁寡欢可能导致悲观失望,情绪低落,缺少乐趣,缺乏活力,有的甚至会整日里自责自咎,严重的会产生轻生的念头。

每个心智健全的人都可能烦恼,而且是各式各样的意想不到的烦恼。在人生漫长的旅途中,还会遇到工作,学习和生活各个领域的形形色色的烦恼。正常的人不会无缘无故地烦恼,所以,当你觉得郁闷又袭击你时,问问自己:"我为什么郁郁寡欢呢?"

第九章 把握今天，绘制美好明天

每个人的一生都不是一帆风顺的，"天有不测风云，人有旦夕祸福。"有时生活中的挫折，工作上的不如意会让一个人烦恼不堪，尤其是当这个人很少经历失败时，一个小小的挫折也会让他情绪低落，顿生忧虑烦恼，宛如乌云见阳光。

对生活、工作的厌倦，也是一个人易忧郁的原因。当人们无法从"工作单调乏味，生活一成不变，每天都是前一天的重复而产生忧郁的心理"中解除出来时，烦恼就产生了，并不断膨胀，以到占据整个内心。

一些缺少目标的人也易产生烦恼。生活方向发生改变，生活重心失去了平衡，找不到自己的位置，于是在失望的黑暗中迷失了方向，内心只留下了伤痛与烦闷。还有一些烦恼是自找的，人们总是因为今天的不完整而为明天忧虑，寻找不必要的烦恼。如果一个人忙碌地做一件事，他是不会感到烦恼的，也可以说他没有时间去顾及烦恼。

忧愁、烦闷可以使一些有才华的人沦为失败者，它们摧残意志不坚强者的志向，削弱他们还没有完全成熟的自信心。因此，可以说忧虑的心理是一个极为有害的心理腐蚀剂。

烦恼的最佳"解毒剂"就是运动。若发现自己有了解不开的烦恼，就让运动来把它挥散出去。这些活动可以是跑步，可以是打球，也可以到野外散散心，欣赏欣赏奇美绝妙的大自然。总之，适当的锻炼活动能使我们精神振奋，忘记悲伤，恢复信心。

另外，我们不要回避可能使人烦恼的事情，正视烦恼并平心静气地去考虑，积极努力地去解决。对所能预料的事，做好思想准备，以饱满的热情和充分的信心去迎接它。

如果做不成一个事事看得开的智者，却想让不如意不会找到自己头上，那么，就多结交一些情绪开朗的朋友，尝试做一个乐观的现实主义者，做一个坚强的人，当不如意找到你时也能坦然面对，把它打倒。

做个内心强大的人

06　做好手头的事

　　最重要的是,不要去看远处模糊的,而要去做手边清楚的事。

　　1871年春天,一个年轻人,作为一名蒙特瑞综合医院的医科学生,他的生活中充满了忧虑:怎样才能通过期末考试?该做些什么事情?该到什么地方去?怎样才能开业?怎样才能谋生?他拿起一本书,看到了对他的前途有着很大影响的24个字。

　　这24个字使1871年这位年轻的医科学生成为当时最著名的医学家。他创建了闻名全球的约翰·霍普金斯医学院,成为牛津大学医学院的钦定讲座教授——这是大英帝国医学界所能得到的最高荣誉——还被英王封为爵士。他死后,记述他一生经历的两大卷书,原书达1466页。

　　他就是威廉·奥斯勒爵士。1871年春天他所看到的那24个字帮助他度过了无忧无虑的一生。这24个字就是:"最重要的是不要去看远处模糊的,而要去做手边清楚的事。"是汤姆斯·卡莱里所写的。

　　42年之后的一个温暖的春夜里,在开满郁金香的校园中,威廉·奥斯勒爵士向耶鲁大学的学生发表了讲演。他对那些耶鲁大学的学生们说,像这样一个人,曾经在四所大学里当过教授,写过一本很受欢迎的书,似乎应该有着"特殊的头脑",其实不然,他的一些好朋友都说,他的脑筋其实是"普普通通"的。

　　那么,他成功的秘诀是什么呢?就是这24个字:"最重要的是不要去看远处模糊的,而要去做手边清楚的事。"

　　这句话是什么意思呢,在去耶鲁演讲的几个月以前,他曾乘一艘很大的海轮横渡大西洋。他看见船长站在驾驶仓里按了一个按钮,在一阵机器运转的响声后,船的几个部分就立刻彼此隔绝开了——隔成几个防水

第九章　把握今天，绘制美好明天

的隔舱。

奥斯勒博士对那些耶鲁的学生说："你们每一个人的机制都要比那条大海轮精美得多，而且要走的航程也遥远得多。我想奉劝诸位：你们也应该学会控制自己的一切。在驾驶仓中，你会发现那些大隔舱都各有用处。按下一个按钮。注意观察你生活中的每一个侧面，用铁门把过去隔断，隔断那些已经逝去的昨天；按下另一个按钮，用铁门把未来也隔断，隔断那些尚未诞生的明天。然后你就保险了，你拥有所有的今天"。

埋葬已经逝去的过去，切断那些会把傻子引上死亡之路的昨天……明天的重担加上昨天的重担，必将成为今天的最大障碍。要把未来像过去那样紧紧地关在门外，未来就在于今天，从来不存在明天，人类得到拯救的日子就在现在。精力的浪费、精神的苦闷，都会紧紧伴随一个为未来担忧的人。

奥斯勒博士是不是主张人们不用下工夫为明天做准备呢？不是，绝对不是。在那次讲演中，他接着说道：集中所有的智慧，所有的热诚，把今天的工作做得尽善尽美，这就是你迎接未来的最好方法。

奥斯勒爵士鼓励那些耶鲁大学的学生们在每天开始的候，吟诵下面这句祝词："在这一天我们将得到今天的面包。"

记住，这句祝词中仅仅要求今天的面包，并没有抱怨昨天我们吃的酸面包。也没有说："噢，天哪，麦田里最近很干枯，我们可能又遇到一次旱灾。我们到秋天还能吃上面包吗？或者，万一我失业了，那时我又怎样弄到面包呢？"

这句祝词告诉我们只可要求今天的面包，而且我们可能吃到的面包也只有今天的面包。

07　适时变通，走上成功的平坦大路

有的人羡慕孙悟空的"七十二变"，不愿意每分钟都固定不动。"七十二变"确实很厉害，但是怎么也敌不过稳如泰山的如来佛。有的人追求飞蛾扑火的壮烈，以为那是一种执着的美。扑火的一瞬间，飞蛾毅然决然，但终究还是化为灰烬。其实生活中我们会遇到很多难题，只有既坚持执着又坚持变通才是最好的解决之道。

这样说似乎是有些矛盾。执着是指面对一个方向坚持走下去，而变通则是灵活应变，随时改变方向。这两个词似乎是反义词，但是，矛盾总是统一的，并可以在一定条件下相互转化。每当我们面临困难时，我们要选准一个方向，执着地去搜寻解决的方法。如果丝毫也不见效果，那么我们的方向可能错了，就要开动脑筋变通一下，重新确定个方向再坚持不懈，直到解决困难为止。在这里面的"一定条件"就是指"丝毫不见效果"。所以说，只有在需要变通时才能变通，否则我们永远也不能找到正确答案。

两个人进山洞寻宝，但是迷了路。后来干粮快吃完了，只剩下了一支手电筒。第一个人起了坏心眼，夺走了余下的干粮和那支手电筒，离开了第二个人。山洞中漆黑无比，第二个人每走一步，因为没有了手电筒，都有可能摔倒。但是也正因为没有手电筒，使第二个人的眼睛对光亮异常敏感，最后终于爬出了山洞。而第一个人吃光了干粮，拿着手电筒搜寻出口，怎么找不到洞口，最后终于饿死在山洞里。

这虽然只是一个小故事，但是从中我们却可以看出许多道理。一般人在黑暗之中都需要光亮，但是第二个人却因为没有手电筒而走出山洞，这是变通的表现。但是，如果第二个人缺少了执着搜寻的信念和坚持不

懈的努力，也是不能爬出山洞的。

现代社会是个瞬息万变的世界，你永远不知道下一秒钟会发生什么变化，所以我们就必须具有临危不惧的头脑和以静制动的思想，不能随波逐流，飘摇不定。不过，我们也必须具备随机应变的能力和灵活作战的方式，只有这样才能不被淘汰。

适时的变通往往需要一种灵活而又迅速的转变，来一个对规则束缚的挣脱，否则我们若一味地钻入"执着"的套子，结果陷入其中不能自拔，则可被称为"钻特殊牛角尖的英雄人物"，所以，这就要求我们要真正地开阔思维，寻找多种渠道来解决问题，或许你会从中得到不用劳神费力、盲目执着蛮干的意外收获。

如果我们缺少了变通，一味地执着，或许我们也可称这种行为是蛮干，这种"执着"往往使人身陷困境并湮没于困境，对国家和社会生活也会造成不可估量的损失。

生命的长途中有平坦的大道也有崎岖的小路；有春光明媚万紫千红，也有寒风凛凛万木枯萎。在生命的寒冬里我们需要执着，然而当面前就是万丈深渊之时还固执前行，就意味着死亡。变通就是一指间的距离，却让你获得生命。

一个林场主从父亲那里继承了大片的林场，每天驾车穿梭于林场中，他都万分欣喜地看着这些能给他带来大笔财富的森林。然而，一场无情的大火把一棵棵百年树木变成了焦木。他失魂落魄地走在街上，发现许多人排队购买木炭取暖。他灵机一动，把焦木加工成木炭销售，结果获得了大笔财产。

聪明的农场主在林场成为焦木时，没有盲目的执着种树，而是利用焦木获得大量财富。这一指间的变通，让他重获财富。

变通能带来成功，转机能给人以新生。"变则通，通则久。""历史是不断运动变化发展的，我们要用发展的观点看问题，使思想和实际相符

做个内心强大的人

合。"这是马克思的辩证法给我们的科学真理。

商鞅二次变法为秦统一奠定了基础;唐太宗唐玄宗的变法改革于是有了贞观之治,有了开元盛世;日本的明治维新使日本迅速发展。而清朝的闭关锁国、固步自封则使清朝严重落后于世界历史的潮流,造成中国沦为半殖民地半封建社会,造成了大量财产被帝国主义侵占,造成了中国人民的屈辱史和血泪史。

一个人需要变通来获得成功,一个企业需要变通来获得效益,一个民族需要变通来获得发展。变通就在你不经意的一瞬间,就是一指间的距离,变通会让你看到柳暗花明。

因此,人的一生不能缺少执着,更不能缺少变通;只有突破思维的束缚,我们才能正确地看待和评价事物的是与非,才能在理想的道路上执着而又灵活平稳地前进。当我们真正地将"变通"和"执着"融合,真正获得思维的解放,或许我们会得到更多。

08 经历磨难,破茧才能成蝶

成功永远只是少数人的事,因为只有少数人才有克服困难的能力。人是环境的动物,但无论环境如何,始终认为自己一定能成功的人最后一定会成功。这与要想破茧成蝶,就要经历许许多多的磨难是一个道理。

许展堂,一位被称为"80年代冒起的新星,90年代举足轻重的生意人"和"香港新一代富豪中的佼佼者。"然而他被人们所关注,不过是近几年的事。1993年的春天,第八届全国政协会议召开,他被任命为全国政协常委的高层职务,这使他在人们眼中又增添了一些传奇色彩。

许展堂出身于富豪之家,生活衣食无忧。但是在他13岁时,情况突变。父亲的生意失败,没过多久又染上了肺痨去世,小展堂的生活从蜜罐掉进了苦海。当时他刚读完小学,只好被迫放弃读书,提前进入社会谋生。提起没有机会读书,他至今还心存遗憾。

年少的许展堂不得不涉足社会,面对人生。他曾从事过多种低微的职业,他卖过云吞面,也曾为商店翻新旧招牌,被安排打更等。这段光阴,是他一生中最为艰难的时间。

生活的艰辛没有消磨他的意志,反而激发了他的斗志。他不甘心久居人下,白天辛苦地工作,晚上则去上夜校进修,学英语,阅读大量的历史书籍和名人传记,从中汲取伟人们的思想精华。

他坚信自己会成功。他凭借着自己的努力奋斗,渡过了一个又一个难关,抓住有利时机,拼搏奋斗,终于成为了同辈中的佼佼者。他在困难面前所表现出的坚定信念,对我们每个人都是有益的启示。

在通往成功的路上,一个绝境就是一次挑战。如果你不是被吓倒,而是奋力一搏,也许这些挑战就会成为你成功的阶梯,也许你会因此而创造超越自我的奇迹。

张海迪5岁时因患脊髓病导致高位截瘫,自第二胸椎以下全部失去知觉,但她凭借着顽强的毅力自学英、日、德语和世界语,她还自学各种医学知识,为群众治病。她在遇到困难时,也从没有想过要逃避。因为她知道,她没有放弃生命的权利。坚强使她成为人们心目中的楷模,她也因此成了一个奇迹。

她没有把一切的不顺归之于命运。在命运的挑战面前,张海迪没有沮丧和沉沦,没有为自己身体的残缺而感到自卑。她以顽强的毅力与疾病作斗争,经受住了生活的严峻考验,生活的磨难使她对人生充满信心。

俗话说,没有过不去的坎。凭着这种信念可以激发自己的勇气,加强意志,完成工作,或是作为情绪低落时的一种自我安慰。如果能够这么想,相信你的心里不仅会好过一点,而且会恢复信心。

大部分的人都喜欢听他人谈成功的经验,而忘了问他们经受的困难。

做个内心强大的人

有的人在听过别人的成功之后,都会自叹不如。如果没有承担困难的勇气,就会使你失去信心,失去行动的勇气,结果只能一事无成。

在困难面前,我们要有必胜的信心,不要因为自己缺乏成功的信心而不敢面对困难。大凡成功者,他们现在的成功都是奠基于过去的生活的磨炼,而且目前的成功是他们感到骄傲的,所以对自己经历的困难更津津乐道,以此让别人了解他的努力。向充满信心的成功者请教失败的经验,同时也要知道他们以何种方法来克服失败。在和他们交谈之后,你会发觉:他们现在成功了,是因为他们面对生活的磨难,从不退缩。

绝处逢生后,我们就会知道困难没什么大不了。

我们应该相信,风浪后面将是平静的海洋,坎坷后面将是平坦的大道。有时成功与失败的区别仅仅是:成功者走了一百步失败者走了九十九步,成功只比失败多走了一步而已。

成功和失败都不是一夜造成的,而是面对困难逐步积累的结果。

因此,我们必须对人生道路上的曲折和困难有充分的认识和思想准备。由于人们的世界观不同、认识水平的不同以及所处的客观环境的不同,形成了各自独特的人生之路。但是不管人们的生活道路有何不同,有一点却是共同的:绝对笔直而又平坦的人生路是不存在的。因为,事物的发展是螺旋式或波浪式的发展过程,所以,人生道路的延伸也是直线和曲线的辩证统一。你在遇到困难和身处逆境时,不要茫然不知所措、灰心丧气,也不应因一时的挫折而轻言放弃。

成功不是将来才有的,而是从决定去做的那一刻起,持续累积而成。就像如果你曾经不是一只蛹,怎么能渴望会成为一只蝶?如果你希望成功,就要以恒心为良友,以经验为参谋,以谨慎为参谋,以希望为哨兵。对自己面临的一切困难,好好的经营他们,终将会达到质的升华!

第九章　把握今天，绘制美好明天

09　从现在开始行动

公元 79 年 8 月的一天，古罗马帝国最繁荣的城市之一庞贝城因维苏威火山爆发而在 18 小时之后消失。2000 年后，人们在重新发掘这座古城的时候，在一只银制饮杯上发现刻着这样一句话："尽情享受生活吧，明天是捉摸不定的。"

一个人活着，昨天已经成为历史，成为过去，只有通过回忆来感悟；明天尚是未来，只能通过憧憬来表达希望；而今天则是我们实实在在正在接受阳光沐浴和星辰照耀的时刻，是最容易被我们把握的时刻，是我们真真切切拥有的时刻，是决定我们事业成败关键的时刻，是我们创造幸福生活的时刻，是我们不断耕耘不断收获的时刻，是人生最有意义的时刻。因此，一个人，只有活在今天，才是找到了实实在在的真我，才能体验人生的意义，实现人生的价值。

任何一个人，在眼前的一瞬间，都站在两个永恒的交会点上——永远逝去的过去和无穷无尽的未来的交点上。我们不可能生活在两个永恒之中，即使是一秒钟也不可以，那样会毁掉我们的身心。既然如此，就让我们为生活在这一刻而感到满足吧。

昨天不过是一场梦，明天只是一个幻影，今天才是生命的源泉，才是最值得我们珍视的唯一时间。生活在今天，能让昨天变成快乐的梦，明天变成有希望的幻影。让我们把过去和未来隔断，生活在完全独立的今天吧！

生命是不可能倒转的。早在两千多年前的孔子，面对大河，说了一句："逝者如斯夫，不舍昼夜！"就发出了生命一去不可返的无奈感叹。我们为什么不趁自己活在今天的时候，好好享受今天，好好奖励一番自

做个内心强大的人

己呢？

　　一个人如果不能很好的把握现在，就不可能创造光辉灿烂的未来，所以，对任何人来说，现在才是最重要的，没有了现在就没有过去和未来。把握现在就等于把握了未来，在没有经历太多的人世沧桑，没有遭遇太多的坎坷时，很多人会感觉自己只是芸芸众生中一个普通的存在。我们会羡慕他人的出色与成功，追求更好的生活，放弃原有安稳幸福。当曾经的理想希望，曾经的豪情壮志，都似那河流中礁石的棱角，经历岁月的冲刷变得不再锋利而愈加平滑时，当自己不再有能力追求时，或许连原有的安逸都失去了。

　　所有值得怀念的或是不值得怀念的日子，就像流水一样一天天地过去。尽管不似平平淡淡一杯白开水，却也未曾有过轰轰烈烈。然而，总有一些不被料到的安排一次次地改变了我们，朋友的不信任，考试的不理想，父母的迁怒，工作没成果，都在一点一点地浪费掉，许多的"现在"从我们指尖悄悄滑落，成为无可奈何的"过去"。之所以还这么平凡甚至平庸，我们之所以还这么郁闷甚至困苦，是因为没有很好的把握"现在"。

　　先哲无意间在古罗马城的废墟发现了一尊"双面神"神像。于是问："请问尊神，你为什么一个头，两副面孔呢？"

　　双面神回答："因为这样才能一面察看过去，以记取教训；一面瞻望未来，以给人憧憬。"

　　"可是，你为何不注视最有意义的现在？"先哲问。

　　"现在？"双面神茫然。

　　先哲说："过去是现在的逝去，未来是现在的延续，你既然无视现在，即使对过去了若指掌，对未来洞察先机，又有什么意义呢？"

　　双面神听了，突然号啕大哭起来。原来他就是没有把握住"现在"，罗马城才被敌人攻陷，他因此被视为敝屣，遭人丢弃在废墟中。

　　"现在"是最重要的，"现在"是存在的本质。我们只能拥有转瞬即逝

第九章　把握今天,绘制美好明天

的现在。有人总是回忆过去或把希望寄托在未来,而不重视现在最应该做什么。一切都从现在做起,把握住现在才是人生成功的关键。把握现在,是很多成功者用双脚开辟出来的真理,是许多失败者用心血凝聚的教训。

　　把握现在,就是不必为无可挽回的过去而懊丧,也不必为了遥不可及的未来而想入非非。过去无论怎么辉煌怎么灿烂,也已像流星一样滑进无边的黑暗之中。未来是不可预测的,并且是以今天为起点的,所以我们能够切切实实地把握的只有现在,把握现在就等于踏上了成功的征程,也等于为未来奠定了基础。

　　无论做什么事情,只要从现在开始就无所谓太早或太迟,从一个行动开始,只要坚持下去必定会有收获。就像播下什么样的种子就会收获什么样的果实一样。只要我们从现在开始播下一个行动,把过去的收获和未来的憧憬连接起来,就会得到一生的充实!